用爱心烧出一桌好菜，让家人品尝爱的味道！

全家人爱吃的菜都在这里！

一书在手，下厨无忧！

精选
家常肉菜

1000 例

主 编 邴吉和

江西科学技术出版社

图书在版编目（CIP）数据

精选家常肉菜1000例 / 邴吉和主编. -- 南昌：江西科学技术出版社, 2014.1（2020.8重印）

ISBN 978-7-5390-4896-3

Ⅰ.①精… Ⅱ.①邴… Ⅲ.①荤菜—菜谱 Ⅳ.
①TS972.125

中国版本图书馆CIP数据核字(2013)第283180号
国际互联网（Internet）地址：
http://www.jxkjcbs.com
选题序号：ZK2013152
图书代码：D13022-102

精选家常肉菜1000例
JINGXUAN JIACHANG ROUCAI 1000 LI

邴吉和　主编

出　版	江西科学技术出版社	
社　址	南昌市蓼洲街2号附1号	
	邮编：330009　电话：（0791）86623491　86639342（传真）	
印　刷	永清县晔盛亚胶印有限公司	
项目统筹	陈小华	
责任印务	夏至寰	
设　计	松雪图文 SONGXUE TUWEN　王进	
经　销	各地新华书店	
开　本	787mm×1092mm　1/16	
字　数	230千字	
印　张	16	
版　次	2014年1月第1版　2020年8月第2次印刷	
书　号	ISBN 978-7-5390-4896-3	
定　价	49.00元	

赣版权登字号-03-2013-191

目录
CONTENTS

精选家常肉菜
1000例

Part 2
牛肉

Part 3
羊肉、兔肉

Part 4
鸡肉、鸭肉、鹅肉

Part 5
水产

Part **1**

猪肉

猪肉味甘、咸，性平。猪肉含有丰富的蛋白质、脂肪、碳水化合物、维生素B_1、维生素B_2、维生素B_3、钙、磷等营养成分，具有滋阴润燥、补肾养血、益气强身的作用，可用于病后体虚、产后血亏等体质者。特别适宜气血不足、心悸、腹胀、痔疮患者食用。

里脊肉

里脊肉是猪脊骨下面一条与大排骨相连的瘦肉,是猪肉中最嫩的部分,可切片、切丝、切丁,以炸、熘、炒、爆等烹饪方法最佳。处理里脊肉时,一定要先除去连在肉上的筋和膜,否则不但不好切,吃起来口感也不佳。

营养功效:味甘、咸,性平,入脾、胃,补肾养血,滋阴润燥。

选购技巧:肉色较红,表示肉较老,此种肉质既粗又硬,最好不要购买;颜色呈淡红色者,肉质较柔软,品质也比较优良。

卷心菜卷肉 凉

原料 熟里脊肉丝100克,卷心菜200克,胡萝卜丝、青椒丝各50克

调料 香油、盐各适量

做法
1. 胡萝卜丝、青椒丝放入沸水中焯水,捞出,沥干水分,装入盘中,加入熟里脊肉丝、盐拌匀。
2. 将卷心菜洗净,放入沸水锅中焯水,捞出,沥干水分,平铺在案板上,抹上香油,放入拌好的原料卷成卷,用刀斜切成段,装盘即可。

京酱肉丝 热

原料 里脊肉300克

调料 葱丝、植物油、甜面酱、淀粉、酱油、料酒、白糖、盐各适量

做法
1. 里脊肉洗净,切丝,加入料酒、酱油、淀粉、盐腌10分钟。
2. 热锅入油烧热,放入肉丝快速拌炒,盛出。
3. 锅中油烧热,加甜面酱、水、料酒、白糖、酱油、盐炒至黏稠状,下葱丝、肉丝炒匀即可。

双耳木须肉 热

原料 水发银耳、水发木耳各30克,里脊肉、菠菜各100克,鸡蛋3个

调料 葱末、姜末、清汤、植物油、香油、料酒、盐各适量

做法
1. 银耳、木耳分别洗净,撕块。鸡蛋打散,炒熟。
2. 猪肉洗净,切片。菠菜洗净,焯水,捞出,切段。
3. 锅入油烧热,倒入肉片、料酒,加葱末、姜末炒香,放入菠菜段、鸡蛋,加盐、清汤,放入银耳、木耳炒匀,淋香油即可。

豇豆角炒肉 （热）

原料 豇豆角150克，里脊肉100克

调料 辣椒末、葱花、蒜末、水淀粉、植物油、香油、红油、料酒、蒸鱼豉油、酱油、盐各适量

做法

1. 豇豆角洗净，切成粒。鲜里脊肉洗净，切成小片，调入盐、酱油、料酒、水淀粉上浆入味。

2. 净锅置旺火上，放入植物油烧热，下入辣椒末、蒜末煸香，下入肉片炒散，倒入豇豆角粒，放入盐、酱油、蒸鱼豉油炒入味，淋入香油、红油，撒上葱花炒匀，出锅即可。

酸辣里脊白菜 （热）

原料 白菜300克，里脊肉、黑木耳各100克

调料 葱段、蒜末、辣椒酱、水淀粉、植物油、醋、料酒、白糖、盐各适量

做法

1. 白菜洗净，切成长段。黑木耳洗净，撕成片。里脊肉洗净，切片，用盐、水淀粉稍腌。

2. 锅入植物油烧热，放入里脊肉片炒至肉色变白，捞出沥干油分，备用。

3. 另起锅入油烧热，放入葱段、蒜末炒香，放入黑木耳片、白菜段炒软，再放入炒好的里脊肉片，调入辣椒酱、料酒、醋、白糖炒匀，出锅即可。

鱼香肉丝 （热）

原料 里脊肉300克，竹笋100克，水发木耳50克，青椒、红椒、泡椒各20克

调料 葱丝、姜丝、蒜丝、高汤、水淀粉、鸡蛋清、植物油、酱油、醋、料酒、白糖、盐各适量

做法

1. 竹笋、水发木耳、泡椒、青椒、红椒分别洗净，切丝。将里脊肉切成丝，加入料酒、盐、鸡蛋清、水淀粉搅匀。

2. 锅入油烧热，放里脊肉丝炒变白，盛出。

3. 另起锅，下入葱丝、姜丝、蒜丝、泡椒丝煸香，加酱油、盐、料酒、醋、高汤、白糖，下入青红椒丝、笋丝、木耳丝、肉丝炒匀即可。

麻辣里脊片 热

原料 里脊肉500克，油菜200克，鸡蛋清150克

调料 葱末、姜末、芝麻、花椒、豆瓣辣酱、高汤、豌豆淀粉、花生油、辣椒油、白糖、盐各适量

做法

1. 里脊肉洗净，切成片。油菜洗净，焯水。

2. 锅入油烧热，下入油菜，加入盐炒熟，摆入盘中。

3. 里脊肉片用鸡蛋清、豌豆淀粉上浆，过油后捞出。

4. 锅中留少许花生油烧热，下入葱末、姜末、花椒炒香，加入高汤，放入里脊肉片，调入豆瓣辣酱、白糖、辣椒油、盐炒熟，撒上芝麻，装盘即可。

仔姜剁椒嫩肉片 热

原料 里脊肉200克，仔姜片100克，蒜苗25克

调料 剁辣椒、水淀粉、嫩肉粉、胡椒粉、鲜汤、植物油、香油、料酒、盐各适量

做法

1. 里脊肉剔去筋膜，洗净切片。蒜苗洗净，切段。里脊肉片用盐、嫩肉粉、水淀粉、植物油上浆。

2. 将盐、料酒、胡椒粉、鲜汤、香油、水淀粉调成芡汁。

3. 锅置旺火上，油烧至四成热，下入浆好的里脊肉片滑油，用筷子拨散至断生，倒入漏勺沥油。

4. 锅中留底油烧热，下入仔姜片煸香，再放剁辣椒、肉片，倒入调好的芡汁，放入蒜苗炒匀，淋香油，装盘即可。

青椒里脊片 热

原料 里脊肉200克，青椒150克，鸡蛋1个

调料 水淀粉、花生油、香油、料酒、盐各适量

做法

1. 里脊肉剔去筋膜，洗净后切成柳叶形薄片，放入清水中漂净血水，取出放入碗中，加入盐、鸡蛋清、水淀粉拌匀上浆。

2. 青椒洗净，去蒂、籽，切成片。

3. 炒锅入花生油烧热，下入里脊片滑熟，捞出沥油。

4. 原锅留油烧热，下入青椒片煸至变色，加入料酒、盐、清水烧沸，倒入水淀粉勾芡，放入里脊片，淋香油，盛入盘中即可。

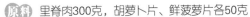

原料 里脊肉300克，胡萝卜片、鲜菠萝片各50克

调料 蒜末、番茄酱、胡椒粉、干淀粉、水淀粉、色拉油、香油、辣酱油、米醋、料酒、白酒、白糖、盐各适量

做法

1. 里脊肉洗净切块，加入白酒、盐、白糖腌制，用干淀粉裹匀。

2. 锅入油烧热，放入肉团炸至金黄色，捞出沥油。

3. 将盐、料酒、胡椒粉、香油、米醋、辣酱油、番茄酱、水淀粉调成味汁。

4. 锅留底油烧热，下入蒜末炒香，再放入胡萝卜片、鲜菠萝片炒匀，调入味汁，用水淀粉勾芡，待味汁起泡时，淋入香油，放入肉块炒匀，出锅装盘即可。

咕噜肉 (热)

响铃肉片 (热)

原料 里脊肉100克，馄饨250克，黄瓜片100克

调料 葱片、姜片、蒜片、水淀粉、色拉油、酱油、醋、料酒、白糖、盐各适量

做法

1. 里脊肉洗净，切片，用少许盐、水淀粉上浆。

2. 锅入油烧热，下入馄饨炸熟捞出。另起锅入油烧热，再次下入馄饨炸至金黄色捞出，摆放盘中。

3. 锅入油烧热，放入里脊肉片炒散，再放入黄瓜片、葱片、姜片、蒜片快炒，烹入料酒、酱油、盐、白糖下锅烧开，用水淀粉勾芡，淋入醋炒匀，浇在炸好的馄饨上即可。

酱爆里脊丁 (热)

原料 里脊肉300克，熟花生仁50克，鸡蛋1个

调料 葱花、姜末、蒜片、黄酱、高汤、水淀粉、植物油、香油、料酒、白糖、盐各适量

做法

1. 里脊肉洗净，切大片，剖十字花刀，切成小丁，加入盐、料酒、鸡蛋、水淀粉抓匀上浆，放入五成热油锅中滑散、滑透，捞出沥油。花生仁过油炸酥，沥干。

2. 锅留底油烧热，放入葱花、姜末、蒜片炒香，烹入料酒，下入黄酱、白糖炒出酱香味，加入盐、高汤烧开，再放入肉丁、花生仁炒匀，用水淀粉勾芡，淋入香油，出锅装盘即可。

辣酱麻茸里脊 （热）

原料 里脊肉150克，香菜50克

调料 蒜末、熟黑芝麻、辣酱、水淀粉、嫩肉粉、植物油、香油、红油、盐各适量

做法

1. 里脊肉洗净，改刀切成薄片，用盐、嫩肉粉、水淀粉上浆，下入五成热油锅中滑油至熟，倒入漏勺沥油。

2. 香菜洗净，放入盐、香油、蒜末拌匀，垫在盘底。

3. 锅留少许底油烧热，下入辣酱炒香，随即下入里脊肉片，加入盐、香油、红油炒熟，出锅盖在香菜上，再撒上熟黑芝麻即可。

清煎里脊 （热）

原料 里脊肉300克

调料 姜水、胡椒粉、色拉油、香油、料酒、盐各适量

做法

1. 里脊肉洗净，顶刀切成片，用刀拍平，把筋斩断，放入碗中，加入料酒、盐、胡椒粉、姜水抓匀。

2. 锅入油烧热，逐片下入里脊肉片，煎至两面呈金黄色，反复煎制两遍，待肉片煎至成熟，取出装入盘中，淋香油即可。

提示 切猪肉时，斜切猪肉可使其烹调后不易破碎，吃起来也不塞牙。

生煎里脊 （热）

原料 里脊肉400克，洋葱末50克，鸡蛋清适量

调料 花椒、番茄酱、菱粉、色拉油、辣酱油、酱油、绍酒、白糖、盐各适量

做法

1. 里脊肉洗净，切成厚片，用刀背捶松，加入花椒、菱粉、辣酱油、酱油、绍酒、白糖、盐腌制2小时，捞出。

2. 腌制好的里脊肉片，均匀地裹上一层蛋清糊，备用。

3. 锅置火上，加入色拉油烧至六成热，将裹匀蛋糊的里脊肉片放入油锅中，用中火煎至两面呈金黄色、熟透时，倒入漏勺沥油，改刀成片，装入盘中。食用时蘸番茄酱即可。

原料 里脊肉200克，芝麻50克，鸡蛋清1个

调料 水淀粉、植物油、酱油、料酒、盐各适量

做法

炸芝麻里脊 （热）

1. 里脊肉洗净，切成厚片，两边均匀地剞上十字花刀，再切成长3.5厘米、宽1.5厘米的条，放入碗中，加入盐、料酒、酱油腌渍入味。
2. 取一小碗，放入蛋清、水淀粉，搅匀成糊。
3. 锅中放入植物油，用中火烧至五成热，将里脊肉逐片挂上蛋糊，再滚满芝麻，放入油中炸透捞出。待油温升高至九成热时，再倒入里脊肉片，复炸至呈金黄色时捞出，改刀装盘即可。

黄金肉 （热）

茯苓肉片 （热）

原料 里脊肉250克，香菜50克，鸡蛋1个

调料 葱丝、姜丝、高汤、姜汁、淀粉、料酒、盐各适量

做法

1. 里脊肉洗净，切成柳叶片。香菜洗净，切成寸段。鸡蛋打匀成鸡蛋液。
2. 将里脊肉片加入盐、料酒、鸡蛋液略腌，加入淀粉上浆。将高汤、料酒、盐、姜汁调成汁。
3. 锅入油烧热，放入浆好的肉片，煎至两面呈金黄色，放入葱丝、姜丝翻炒一下，再顺锅边倒入调味汁，略煮一会，出锅放上香菜段即可。

原料 茯苓、豆腐各60克，里脊肉200克，菊花瓣20克，熟黑芝麻10克

调料 水淀粉、色拉油、料酒、盐各适量

做法

1. 里脊肉洗净，切成片，加入盐、料酒、水淀粉抓匀上浆。豆腐洗净，切成小块。茯苓洗净，控干。
2. 锅中加清水，放入茯苓、黑芝麻用旺火烧开，改小火烧约10分钟，放入里脊肉片、豆腐，撒上菊花瓣，用盐调味，淋少许色拉油即可。

臀尖肉

臀尖肉是位于猪臀部上面的肉，均为瘦肉，肉质鲜嫩，可代替里脊肉，多用于炸、熘、炒。

营养功效：改善缺铁性贫血，补肾养血，滋阴润燥。主治热病伤津、消渴羸瘦、肾虚体弱、产后血虚、燥咳、便秘，有补虚、滋阴、润燥、滋肝阴、润肌肤、利二便和止消渴等功效。

选购技巧：优质的猪臀尖肉带有香味，肉的外面往往有一层稍带干燥的膜，肉质紧密，富有弹性，手指压后凹陷处立即复原。次鲜肉肉色较鲜肉暗，缺乏光泽，脂肪呈灰白色；表面带有黏性，稍有酸败霉味；肉质松软，弹性小，轻压后凹处不能及时复原；肉切开后表面潮湿，会渗出混浊的肉汁。

茭白肉丝 （热）

原料 茭白、臀尖肉各300克，红辣椒20克

调料 蒜末、鲜汤、胡椒粉、水淀粉、植物油、料酒、盐各适量

做法

1. 臀尖肉洗净，切成丝，加入盐、料酒、水淀粉捏匀，备用。红辣椒洗净，切圈。

2. 茭白去老根、外皮，洗净切成段，再切成片，顺着纹路切成粗丝。将盐、胡椒粉、料酒、水淀粉、鲜汤调成味汁备用。

3. 锅入油烧热，放入臀尖肉丝炒至变色，下入蒜末炒香，再放入茭白丝翻炒，加入味汁、红辣椒圈，炒匀即可。

八宝肉丁 （热）

原料 臀尖肉200克，香干丁、竹笋丁、香菇丁、西芹块、花生仁、熟肚丁、毛豆仁各50克，鸡蛋1个

调料 葱末、姜末、团粉、水淀粉、植物油、香油、辣椒酱、面酱、蚝油、料酒、生抽、白糖、盐各适量

做法

1. 臀尖肉洗净，切丁，加鸡蛋、盐、团粉上浆。

2. 锅入油烧热，放入葱末、姜末、辣椒酱、面酱炒香，放入肉丁炒匀，再放入料酒、盐、白糖、蚝油、生抽，放入毛豆仁、熟肚丁、西芹块、香菇丁、竹笋丁、香干丁炒至熟，用水淀粉勾芡，淋上香油，放入花生仁炒匀即可。

笹干炒肉

（原料）笋干300克，臀尖肉100克

（调料）葱段、水淀粉、蚝油、植物油、香油、料酒、老抽、盐各适量

（做法）

1. 笋干用清水浸泡开，切成小块。臀尖肉洗净，切成片，用盐、料酒、老抽、水淀粉，腌10分钟。

2. 锅入适量油烧热，放入笋干翻炒，加入适量水，焖煮10分钟，加入盐调味，用老抽调色炒熟，盛出。

3. 原锅留油烧热，放入臀尖肉片滑开，放入葱段、炒好的笋干炒匀，待肉片熟透时，加入蚝油调味，撒上香葱段，淋香油，出锅即可。

湘西酸肉

（原料）臀尖肉750克，蒜苗25克

（调料）红辣椒碎、尖辣椒碎、干辣椒碎、清汤、花椒粉、玉米粉、花生油、盐各适量

（做法）

1. 臀尖肉洗净，切成块。蒜苗洗净，切成小段。

2. 花椒粉、红辣椒碎、尖辣椒碎、干辣椒碎、清汤、玉米粉、盐与臀尖肉拌匀后盛入密封的坛内，腌15天即成酸肉。将酸肉切成厚片。

3. 锅入花生油烧热，放入酸肉、干椒末煸炒2分钟，待酸肉渗出油时，扒在锅边，下入玉米粉炒成黄色，再倒入清汤焖2分钟，待汤汁稍干，放入蒜苗炒匀，装盘即可。

鱼香小滑肉

（原料）臀尖肉300克，竹笋100克，水发木耳50克

（调料）葱片、姜片、蒜片、泡椒、豌豆淀粉、清汤、植物油、酱油、醋、白糖、盐各适量

（做法）

1. 竹笋洗净，去皮，切成薄片。木耳洗净，切成片。泡椒切成细末。臀尖肉洗净，切成薄片，加入盐稍腌，再用豌豆淀粉拌匀，备用。

2. 酱油、白糖、醋、清汤、豌豆淀粉混合制成鱼香汁。

3. 锅入油烧热，放入肉片炒散，再放入泡椒末炒出红色，放入葱片、姜片、蒜片炒香，再放入竹笋片、木耳炒匀，倒入鱼香汁翻炒至熟，出锅装盘即可。

橄榄菜炒肉块 （热）

原料 罐装橄榄菜50克，臀尖肉、四季豆各200克，炸花生仁、红椒块各50克，皮蛋1个

调料 色拉油、盐适量

做法

1. 臀尖肉洗净，切块。四季豆择洗净，切段。皮蛋去皮，切成小块。

2. 锅入油烧热，放入臀尖肉块滑熟，捞出。

3. 另起油锅，放入四季豆，加入盐炒匀，放入臀尖肉块、炸花生仁、红椒块、橄榄菜、皮蛋块炒匀，出锅装盘即可。

肉碎豉椒炒酸豇豆 （热）

原料 酸豇豆200克，臀尖肉馅300克，红辣椒20克

调料 葱末、姜末、黑豆豉、水淀粉、香油、酱油、料酒、白糖、盐各适量

做法

1. 酸豇豆、红辣椒洗净，切碎。臀尖肉馅用料酒调稀。

2. 锅入油烧热，放入葱末、姜末、黑豆豉爆香，加入臀尖肉馅煸熟，加入酸豇豆碎、辣椒碎，调入料酒、盐、酱油、白糖，用水淀粉勾芡，淋上香油即可。

肉末泡豇豆 （热）

原料 泡豇豆150克，臀尖肉100克，青椒30克

调料 菜油、盐各适量

做法

1. 泡豇豆洗净，切成细段。青椒洗净，切成细粒。臀尖肉洗净，剁成碎末，备用。

2. 锅入菜油烧至六成热，放入臀尖肉末炒散，炒干水分现油时，放入青椒粒、泡豇豆炒熟，出锅装盘即可。

肉炒藕片 （热）

原料 鲜藕300克，臀尖肉200克，尖椒30克

调料 姜末、干红辣椒、色拉油、香油、醋、盐各适量

做法

1. 鲜藕去皮洗净，切片，焯熟。臀尖肉洗净，切片。

2. 将干红辣椒去蒂除籽，切末。尖椒洗净，切片。

3. 锅入油烧热，放入臀尖肉片煸炒，加入姜末、干红辣椒末炝锅，放入藕片、尖椒片炒匀，加入盐、醋调味，淋上香油，出锅装盘即可。

杏鲍菇炒肉　热

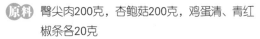

原料　臀尖肉200克，杏鲍菇200克，鸡蛋清、青红椒条各20克

调料　葱丝、姜丝、淀粉、植物油、料酒、生抽、白糖、盐各适量

做法

1. 臀尖肉洗净，切条，加入料酒、盐、鸡蛋清、淀粉调味上浆，放入温油锅中滑熟，捞出控油。
2. 杏鲍菇洗净，切条，炸至金黄色。
3. 锅中留油烧热，放入葱丝、姜丝、青红椒条煸炒，烹入料酒，放入臀尖肉条、杏鲍菇条翻炒，用生抽、白糖、盐调味，炒匀出锅即可。

剁椒臀尖肉　热

原料　臀尖肉300克，青椒、剁椒、香菜各30克

调料　葱末、姜末、蒜末、植物油各适量

做法

1. 臀尖肉洗净，切丁。青椒、香菜分别洗净，切小段。
2. 锅入油烧热，放入肉丁煸炒，放入葱末、姜末、蒜末炒香，加入剁椒翻炒片刻，加入适量水焖一会，待汁收干时，放入香菜段炒匀，出锅即可。

肉末烧粉条　热

原料　红薯粉条100克，臀尖肉末50克，海带丝30克

调料　葱姜片、豆瓣酱、清汤、植物油、酱油、料酒各适量

做法

1. 红薯粉条放入温水中浸泡片刻，待软时捞出。
2. 锅入植物油烧热，下入豆瓣酱、葱片、姜片炒香，加入料酒、酱油，放入清汤烧开，捞出豆瓣酱、葱片、姜片，再放入臀尖肉末、粉条、海带丝，待粉条烧透，出锅即可。

锅包肉　热

原料　臀尖肉250克，鸡蛋1个，胡萝卜丝10克

调料　葱丝、姜丝、香菜段、鲜汤、淀粉、植物油、香油、酱油、醋、白糖、盐各适量

做法

1. 臀尖肉洗净，切成大片，用淀粉、鸡蛋、水抓匀上浆。
2. 酱油、盐、醋、白糖、鲜汤调成味汁。
3. 臀尖肉片放入油锅中炸至呈金黄色捞出。锅留底油，放入胡萝卜丝、葱丝、姜丝、臀尖肉片，调入味汁，淋香油，撒香菜段即可。

芝麻肉丝 热

原料 臀尖肉300克

调料 葱末、姜末、熟芝麻、八角、白糖色、鲜汤、精炼油、香油、料酒、白糖、盐各适量

做法

1. 臀尖肉洗净，切成粗丝，放入盆中，加入葱末、姜末，加盐、料酒拌匀，静置10分钟。

2. 锅入精炼油烧热，放入臀尖肉丝炸至散开，捞出。锅留原油烧热，再放入肉丝重炸至呈金黄色，捞出。

3. 另起锅入油烧热，下入肉丝、鲜汤、盐、八角、白糖色、白糖，用中火加热至肉丝汁将干时，淋上香油，起锅凉凉，撒上熟芝麻，装盘即可。

肉段烧茄子 热

双花肉丁 热

原料 臀尖肉400克，胡萝卜片30克，鸡蛋1个，茄子200克

调料 葱段、姜末、鲜汤、淀粉、植物油、香油、酱油、醋、盐各适量

做法

1. 臀尖肉洗净，切成块，加入鸡蛋、淀粉挂糊。茄子洗净去皮，切成长条。

2. 锅入植物油烧热，放入臀尖肉块炸至表皮稍硬，捞出磕散。锅留原油烧热，下入茄子反复炸两遍。

3. 鲜汤、酱油、醋、盐、淀粉调成汁。

4. 原锅留底油烧热，下入葱段、姜末爆香，放入胡萝卜片、肉段、茄子，加入调好味汁熘炒，淋香油即可。

原料 臀尖肉500克，花生仁20克

调料 葱段、姜末、干辣椒、花椒、鲜汤、白糖色、辣椒油、精炼油、香油、料酒、白糖、盐各适量

做法

1. 臀尖肉洗净，切成方丁，放入盛器中，加入盐、料酒、姜末、葱段码味。干辣椒去籽，切成段。

2. 锅入油烧热，放入臀尖肉丁炸至呈金黄色，捞出。

3. 锅入精炼油烧热，放入干辣椒段、花椒炒香，加入鲜汤、花生仁、臀尖肉丁、料酒、白糖色、白糖、盐，待收至呈汤汁，加入辣椒油、香油，起锅凉凉，装入盘中即可。

肉末烧粉丝 （热）

原料 细粉丝200克，臀尖肉末250克

调料 葱末、姜末、蒜末、豆瓣酱、色拉油、酱油、料酒、盐各适量

做法

1. 臀尖肉洗净，切成末。豆瓣酱剁细。

2. 锅入油烧热，下入粉丝，炸至膨胀，捞出沥油。

3. 另起锅入油烧热，放入臀尖肉末炒散，调入豆瓣酱、姜末、蒜末炒香，放入水烧开，再放入炸粉丝，调入盐、酱油、料酒，改用小火，待粉丝烧透，撒上葱末，装盘即可。

白菊肉片 （汤）

原料 臀尖肉200克，杭白菊15克，红枣10个，大白菜200克，丝瓜150克

调料 玫瑰花瓣、清汤、水淀粉、料酒、盐各适量

做法

1. 大白菜洗净，切成段。丝瓜洗净，切成条。臀尖肉洗净，切成薄片，用盐、料酒、水淀粉抓匀上浆。红枣洗净，去核。

2. 锅中放入清汤，用旺火烧开，放大白菜段、丝瓜条、杭白菊、红枣煮约15分钟，放入臀尖肉片，加入盐调味，撒上玫瑰花瓣，出锅即可。

榨菜肉丝汤 （汤）

原料 臀尖肉200克，榨菜75克，豌豆尖50克，水发粉条100克

调料 高汤、胡椒粉、水淀粉、猪油、香油、盐各适量

做法

1. 臀尖肉洗净，切成粗条，盛入碗中，放入盐、水淀粉拌匀。

2. 榨菜洗净，切丝，漂于凉水中。豌豆尖洗净。

3. 锅入高汤旺火烧热，放入榨菜丝熬出香味，放入臀尖肉条、猪油、胡椒粉、粉条、豌豆尖，推转出锅，装入汤碗中，淋入香油即可。

坐臀肉

坐臀肉位于猪后腿上方、臀尖肉的下方，全为瘦肉，但肉质较老、纤维较长，多作为白切肉或回锅肉用。

营养功效：坐臀肉能提供人体必需的脂肪酸，可提供血红素（有机铁）和促进铁吸收的半胱氨酸，改善缺铁性贫血。

选购技巧：买猪肉时，拔一根或数根猪毛，仔细看其毛根，如果毛根发红，则可能是病猪；如果毛根白净，则不是病猪。挑选坐臀肉时，以肉质紧密，富有弹性，皮薄，膘肥嫩色雪白，有光泽，瘦肉为淡红色，不发黏的为佳。

香辣猪油渣 （热）

原料 坐臀肉300克

调料 干辣椒碎、蒜粒、料酒、白糖、盐各适量

做法

1. 坐臀肉洗净，切成片，加入盐、料酒、白糖腌渍入味，备用。

2. 锅入油烧至八成热，放入坐臀肉炸至呈金黄色，捞出，控干油分。

3. 锅留余油烧热，放入干辣椒碎、蒜粒爆香，放入炸干的坐臀肉翻炒均匀，出锅装盘即可。

竹香粉蒸肉 （热）

原料 坐臀肉300克，五香炒米粉100克

调料 海鲜酱、柱侯酱、香油、生抽、姜汁酒、白糖各适量

做法

1. 坐臀肉洗净，切成片，加入海鲜酱、柱侯酱、生抽、白糖、姜汁酒、香油拌匀，腌15分钟。

2. 再拌入五香炒米粉，放入垫有竹叶的竹筒中。

3. 将竹筒放入蒸锅中蒸1小时，取出即可。

木须肉 热

原料 坐臀肉150克，水发木耳30克，鸡蛋2个

调料 葱末、姜末、酱油、料酒、猪大油、香油、盐各适量

做法

1. 坐臀肉洗净，切成细丝。鸡蛋磕入碗中，加少许盐拌匀。木耳洗净，撕成片。

2. 锅入猪大油烧至五成热，下入鸡蛋液炒熟，盛入碗中。

3. 原锅入油烧热，下入葱末、姜末煸出香味，再下入肉丝煸炒至七成熟，加入料酒、酱油、盐调味，放入鸡蛋、木耳翻炒均匀，淋上香油，出锅装盘即可。

咸肉炒青椒 热

尖椒小炒肉 热

原料 坐臀肉300克，青椒、红椒各100克

调料 葱末、姜末、花椒、料酒、生抽、植物油、白糖、盐各适量

做法

1. 坐臀肉刮洗干净，放入小盆中，加入盐、花椒腌渍1天入味，切成大薄片。青椒去蒂，切滚刀块。红椒洗净，切菱形块。

2. 锅入油烧热，下入葱末、姜末炒香，放入肉片煸炒至卷起，再放入青椒块、红椒块煸炒，调入料酒、盐、白糖、生抽煸炒均匀，出锅即可。

原料 坐臀肉300克，青尖椒、红尖椒各200克

调料 豆瓣酱、豆豉、色拉油、酱油、料酒、白糖、盐各适量

做法

1. 坐臀肉洗净，切成片。豆瓣酱剁成末。豆豉压成泥。青尖椒、红尖椒分别洗净，切成圈。

2. 锅置旺火上，放入色拉油烧至五成热，下入肉片翻炒出油，放入豆瓣酱、豆豉煸炒出香味，加入盐、料酒、酱油、白糖炒匀，倒入青椒圈、红椒圈炒熟，出锅装入盘中即可。

五花肉（又称肋条肉、三层肉）是位于猪的腹部、肋条部位的肉，是一层肥肉、一层瘦肉夹起的，适于红烧、白炖和粉蒸。

营养功效：富含优质蛋白质和脂肪酸，能有效改善缺铁性贫血。主治热病伤津、消渴赢瘦、肾虚体弱、产后血虚、燥咳、便秘，有补虚、滋阴、润燥、滋肝阴、润肌肤、利二便和止消渴等功效。

选购技巧：肥瘦适当的五花肉就是肥瘦相间，吃起来不油不涩，口感恰到好处。明亮的色泽代表五花肉新鲜，过暗很可能是不新鲜了，而太鲜艳的则很可能是经过人工处理的，不宜选购。

白煮肉 〔凉〕

原料 五花肉100克

调料 蒜泥、腌韭菜花、酱豆腐汁、辣椒油、酱油各适量

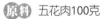 **做法**

1. 五花肉刮洗干净，切成长块，肉皮朝上放入锅中，加入清水，盖上锅盖，在旺火上烧开，再转微火煮2小时，用筷子一穿即入时捞出，凉凉，撕去肉皮，切成薄片，整齐地排在盘中。

2. 将酱油、蒜泥、腌韭菜花、酱豆腐汁、辣椒油放入小碗中调匀，随同肉片一起上桌。

腐皮卷白肉 〔凉〕

原料 带皮五花肉500克，腐皮100克，青笋50克

调料 葱丝、姜片、蒜泥、花椒、辣椒油、香油、酱油、白糖、盐各适量

做法

1. 带皮五花肉清洗干净。锅入冷水，下入花椒、姜片、葱花，放入五花肉煮熟，捞出凉凉。

2. 熟五花肉切薄片。青笋洗净，切成粗丝。用肉片把青笋线、葱丝卷成卷状，腐皮切长方块，放入盘中，卷好的肉卷放在腐皮上。

3. 碗中放入蒜泥、盐、辣椒油、酱油、白糖、香油调成汁，用腐皮卷上肉卷，蘸味汁食用即可。

原料 五花肉200克,菠菜100克

调料 葱段、姜片、姜末、蒜泥、白芝麻、花椒
　　粉、酱油、米醋、料酒、香油、盐各适量

做法

1. 五花肉洗净,放入锅中,加入适量水,放入葱
　段、姜片、料酒煮熟,捞出凉凉。

2. 蒜泥、姜末放入盘中,加入盐、花椒粉、酱油、
　料酒、香油、米醋,加入凉开水制成味汁。

3. 将煮熟的五花肉切成长片,放入盘中。

4. 将菠菜洗净,放入开水中焯一下,取出切段,放
　在五花肉片上,淋上味汁,撒上白芝麻即可。

九味白肉　凉

蒜泥泡白肉　凉

原料 五花肉250克,黄瓜50克

调料 蒜泥、野山椒、辣椒油、泡菜水、酱油、白
　　糖、盐各适量

做法

1. 野山椒泡入泡菜水中30分钟,备用。五花肉洗
　净,放入备好的泡菜水中煮熟晾凉,切长片。

2. 黄瓜洗净,切成细丝。

3. 黄瓜丝垫在圆盘底,五花肉片包卷在上面。

4. 将蒜泥、辣椒油、盐、白糖、酱油拌匀成味汁,
　淋在五花肉片上即可。

蒜泥五花肉　凉

原料 五花肉500克,干辣椒50克

调料 葱花、姜丝、蒜泥、花椒、菜油、口蘑酱油
　　各适量

做法

1. 五花肉洗净,切成长块。

2. 干辣椒洗净,成段。

3. 锅入油烧热,放入干辣椒炒一下,捞出切成碎
　末。将菜油烧热,浇入辣椒末中制成油辣椒。

4. 锅中倒入开水,放入五花肉块,撇去浮沫,放入
　葱花、姜丝、花椒,将肉煮熟,捞起晾干,切成
　薄片,盛入碟中,在肉面上依次放上口蘑酱油、
　油辣椒、蒜泥即可。

蒜泥烂白肉 (凉)

原料 五花肉200克，胡萝卜50克

调料 葱段、姜片、蒜末、辣椒油、酱油、香醋、白糖、盐各适量

做法

1. 胡萝卜洗净，成支架，放在盘中。

2. 五花肉洗净，放入冷水锅中，加入姜片、葱段煮至九成熟，捞出凉凉，切成大薄片，码入盘中，挂在胡萝卜支架上。

3. 将蒜末、盐搅匀成蒜泥，拌入酱油、白糖、香醋、辣椒油，调成料汁，浇在肉片上即可。

粉皮白肉 (凉)

原料 五花肉300克，粉皮100克，香菜、红辣椒各30克

调料 葱末、蒜末、香油、生抽、盐各适量

做法

1. 五花肉洗净，放入滚水中煮20分钟，捞出过凉水，切成薄片，备用。

2. 粉皮洗净切成长条状，放入滚水中烫一下，加入盐、生抽、香油调味。

3. 红辣椒洗净，切末。香菜洗净，切末。红辣椒末、香菜末放入锅中氽水，捞出，放入蒜末、葱末、香油、生抽调成葱蒜汁。

4. 五花肉片、粉皮装入盘中，浇上葱蒜汁即可。

农家小炒肉 (热)

原料 五花肉200克，青尖椒、红尖椒各100克

调料 蒜片、生粉、植物油、黄酒、老抽、盐各适量

做法

1. 五花肉洗净，切成片，加入盐、黄酒、老抽、生粉抓匀，腌制5分钟。

2. 青尖椒、红尖椒洗净，从中间横向片成两半，斜切成长条状。

3. 锅入油烧至六成热，放入青尖椒条、红尖椒条、蒜片，调入盐炒匀，放入五花肉片，略炒半分钟，调入老抽炒匀，出锅装盘即可。

原料 五花肉500克，杏鲍菇、秀珍菇各100克

调料 姜片、蒜片、葱段、剁椒、鸡粉、鸡汤、植物油、酱油、料酒、白糖、盐各适量

做法

1. 五花肉洗净，切成片。杏鲍菇洗净，切成长片。

2. 锅入油烧热，下入五花肉片翻炒，待肉片煸出油且呈金黄色时，加入杏鲍菇片、姜片、蒜片、葱段、剁椒、料酒翻炒，再放入秀珍菇、鸡汤翻炒均匀，调入酱油、盐、鸡粉、白糖炒匀入味，出锅装盘即可。

剁椒五花肉

红烧肉

金玉红烧肉

原料 五花肉500克

调料 香菜末、姜末、八角、水淀粉、白糖色、植物油、酱油、料酒、盐各适量

做法

1. 五花肉洗净，放入汤锅中煮至六成熟，捞出放入卤锅，加少许白糖色煮至呈金黄色，捞出。八角拍碎，剁为细末，加入姜末成姜料。

2. 锅入油烧热，放入五花肉，皮朝下炸2分钟，盛出，切成大方块。

3. 锅留余油烧热，加入姜料炝锅，放入肉块炒熟，加入盐、料酒、酱油，用水淀粉勾芡，放上香菜末即可。

原料 五花肉、猪前臀尖肉各200克，时令青菜100克

调料 葱段、姜片、蒜片、八角、植物油、酱油、白糖各适量

做法

1. 五花肉、猪前臀尖肉洗净，切大块。青菜择洗干净。

2. 锅置火上，倒入适量清水烧沸，滴几滴植物油，放入青菜焯至水开，捞出沥干，码盘。

3. 锅入油烧热，放入白糖炒至白糖化，放入蒜片炒香，下入肉块炒至变色，淋上酱油炒至肉块都裹上酱油，冲入开水烧沸，撇净浮沫，加入葱段、姜片、八角烧煮，倒入砂锅中，中火煮开，再转小火炖2小时即可。

毛氏红烧肉 （热）

原料 五花肉300克

调料 蒜末、干辣椒段、蜂蜜、高汤、猪油、生抽、料酒、红糖、盐各适量

做法

1. 五花肉洗净，放入清水锅中煮熟，撇去血沫，捞出，切成正方形块。

2. 锅入猪油烧热，放入蒜末、干辣椒段爆香，放入肉块翻炒至肉皮变成粉红色，捞出。

3. 另起锅入油烧热，放入红糖，小火慢熬成红糖浆，放入爆香的肉块翻炒上色，加入盐、料酒、生抽，倒入高汤烧开后改中火炖，出锅前淋少许蜂蜜，装入盘中即可。

船家烧肉钵子 （热）

原料 五花肉300克，梅干菜100克

调料 姜块、蒜瓣、桂皮、香叶、清汤、茶油、酱油、料酒、盐各适量

做法

1. 五花肉洗净，随冷水下入锅中煮15分钟至断生捞出，漂洗干净，沥尽水分，切成块。梅干菜泡软洗净，切成粗末。桂皮、香叶洗净。

2. 锅入茶油烧至六成热，将五花肉块中火煸炒至吐油，下入姜块，烹入料酒、酱油旺火炒出香味，加入盐，再加清汤，放梅干菜中火烧2分钟，盛入垫有桂皮、香叶的钵子中，放蒜瓣拌匀，小火煨1小时，出锅装盘即可。

慈姑烧肉 （热）

原料 带皮五花肉600克，慈姑200克，胡萝卜100克

调料 姜片、葱段、色拉油、酱油、料酒、白糖、盐各适量

做法

1. 五花肉洗净，切成小方块。慈姑、胡萝卜洗净，改刀切成块，焯水备用。

2. 锅入适量色拉油烧热，放入姜片、葱段炒香，放入五花肉块、料酒煸炒至变色，调入盐、酱油、白糖炒匀，再加入清水烧沸，撇去浮沫，放入慈姑焖烧至汤汁稠浓且入味，出锅即可。

原料 五花肉300克，油豆腐100克

调料 蒜片、葱花、豆豉、八角、蚝油、植物油、生抽、盐各适量

做法

1. 五花肉洗净，切成块，放入沸水锅中汆烫，沥干水分，备用。油豆腐切块。

2. 锅入油烧热，下入蒜片爆香，放入豆豉炒出香味，加入五花肉翻炒，淋少许生抽、蚝油翻匀，加入适量水、八角，旺火烧开转小火慢煮约10分钟，再放入切好的油豆腐煮10分钟，调入盐，旺火略收干汤汁，撒葱花出锅即可。

油豆腐烧肉 热

港式烧花肉 热

原料 带皮五花肉500克

调料 葱花、叉烧酱、海鲜酱、蚝油、香油各适量

做法

1. 五花肉洗净，放入沸水锅中汆烫片刻，捞出沥干，切成大片。

2. 将五花肉片加叉烧酱、海鲜酱、蚝油腌入味。

3. 锅入油烧热，放入五花肉片炸至呈金黄色，捞出，淋上香油，撒上葱花，出锅装盘即可。

紫酥肉 热

原料 五花肉500克

调料 葱段、姜片、花椒、八角、甜面酱、清汤、色拉油、料酒、醋、盐各适量

做法

1. 五花肉洗净，切成长条，放入开水锅中煮透捞出，放入盆中，加入葱段、姜片、花椒、八角、盐、料酒、清汤腌2小时，放入蒸锅中蒸至八成熟，取出。

2. 锅入油烧热，放入蒸好的肉慢慢浸炸一会儿捞出，在皮上抹上一层醋，再放入锅中反复炸三次，炸至肉皮呈金黄色时捞出，切成薄片，整齐地摆放在盘中即可。上桌蘸甜面酱食用。

香辣坛子肉 （热）

原料 带皮五花肉2500克

调料 葱花、姜末、蒜末、剁辣椒、细辣椒粉、五香粉、辣酱、白糖、盐各适量

做法

1. 带皮五花肉洗净，放入沸水中煮熟，切成块。

2. 将剁辣椒、蒜末、姜末拌匀后用打碎机打碎，沥干水分，盛入盛器中，加入辣酱、盐、白糖、细辣椒粉、五香粉拌匀，再放入肉块搅拌均匀，放入坛子中腌6小时，取出，撒上葱花，放入蒸锅中蒸1个小时，上桌即可。

梅菜扣肉 （热）

原料 五花肉1500克，梅干菜150克

调料 葱末、植物油、酱油、料酒、白糖、盐各适量

做法

1. 五花肉洗净，切长条，煮熟，在肉皮面用牙签戳洞，抹酱油。

2. 五花肉条入油锅中炸至金黄色，取出，切片。

3. 梅干菜洗净，切段，放入炒锅中炒干，加入料酒、白糖、酱油拌匀。取一深皿，将肉片平铺在器皿中，肉皮部位朝下，上面均匀撒盐，使肉片有味，最上面铺梅干菜，盖上保鲜膜，放入蒸锅中蒸2个小时，待肉软后，倒扣在盘子上，撒葱末即可。

咸肉蒸双白 （热）

原料 咸五花肉200克，娃娃菜、冻豆腐各50克

调料 高汤、猪油、盐各适量

做法

1. 娃娃菜洗净，纵向改刀成两半，放入沸水中焯水5秒钟捞出。冻豆腐洗净，切成片，放入沸水中焯水1分钟，捞出，沥干水分。咸五花肉洗净，放入蒸锅中旺火蒸20分钟，取出切成片。

2. 将冻豆腐片整齐地排列在碗底，铺上娃娃菜，最上一层盖上咸肉片，加入盐、高汤、猪油，上笼旺火蒸15分钟，码入盘中即可。

原料 五花肉300克，黑木耳、冬菇、榨菜、红枣各50克，青笋20克

调料 葱花、干生粉、蚝油、植物油、生抽、盐各适量

做法

1. 五花肉洗净，切片。木耳、冬菇浸透后洗净，均切片。红枣洗净，切丝。青笋洗净，切丝。

2. 将五花肉片、木耳片、冬菇片、红枣丝、榨菜、青笋丝放入盘中，加入植物油、盐、干生粉、生抽、蚝油拌匀，装入盘中。

3. 再放入蒸锅中用中火蒸20分钟，取出，撒上葱花即可。

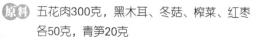

三色蒸五花肉 热

酸菜蒸肉 热

原料 五花肉、酸菜各150克

调料 葱花、干红椒末、花生油、老抽、生抽、盐各适量

做法

1. 五花肉洗净，放入沸水锅中煮至七成熟，捞出，切成四方块。

2. 酸菜洗净切碎，放入热锅中炒干水分，加入盐、葱花、干红椒末、花生油、老抽调味，冷却备用。

3. 肉块扣入钵中，淋少许生抽，再将炒好的酸菜盖在肉上面，上笼蒸30分钟，出笼即可。

豆豉千张肉 热

原料 五花肉500克，生菜叶两张

调料 葱段、姜片、花椒、红腐乳汁、干豆豉、香油、酱油、白糖各适量

做法

1. 五花肉洗净，放入砂锅中，旺火煮30分钟，捞出。白糖炒至成糖色，均匀抹于肉皮上。生菜叶洗净，平铺入盘底。

2. 锅入香油烧热，放入五花肉炸2分钟，捞出凉凉，切片。

3. 取一大碗，放入花椒、葱段、姜片垫底，再将肉片整齐地码放入碗中，加入酱油、红腐乳汁、干豆豉，入蒸锅中蒸2小时，取出凉凉，翻扣入铺生菜叶的盘中，拣去花椒、葱段、姜片即可。

喜报三元 〔热〕

（原料）带皮五花肉200克，大枣、枸杞、核桃仁、松仁、西蓝花、板栗各20克

（调料）葱丝、姜丝、水淀粉、料酒、酱油、白糖、盐各适量

（做法）

1. 西蓝花洗净，炒熟。板栗煮熟，去壳。五花肉洗净，在肉上划几刀，放入锅中煮至八成熟，往上面抹匀酱油，在有缝的地方塞大枣、核桃仁、松仁、枸杞。

2. 高压锅中加入水、葱丝、姜丝、酱油、盐、料酒、白糖，放入五花肉，盖上盖子，旺火蒸10分钟，取出五花肉放入盘中，用西蓝花码边，放上板栗，将煮肉的汤用水淀粉勾芡，浇在菜肴上即可。

红烧肉炖干豇豆 〔热〕

（原料）五花肉200克，干豇豆75克

（调料）葱段、葱花、姜片、料包（桂皮、香叶、八角、干辣椒、色拉油）、老抽、料酒、白糖、盐各适量

（做法）

1. 五花肉洗净，切成小块，余5分钟，捞起，冲净血沫。

2. 干豇豆用热水泡2小时，捞出，切成段，焯水洗净。

3. 锅中油烧至五成热，放入白糖，用小火炒至棕色冒泡时，放入五花肉块炒匀，加入老抽、料酒炒至出油时，放入葱段、姜片同炒。锅中加开水，放入干豇豆、料包一起炖15分钟，加盐再炖40分钟，旺火收汁，撒上葱花即可。

海带炖肉 〔热〕

（原料）带皮五花肉500克，水发海带200克

（调料）葱花、姜片、花椒、八角、鲜汤、植物油、酱油、白糖、盐各适量

（做法）

1. 五花肉刮洗干净，切成块。海带洗净，切成与肉块大小相同的片。

2. 锅中加底油烧热，放入肉块煸炒至变色，加入葱花、姜片、花椒、八角、酱油炝锅，放入鲜汤烧沸，加入盐、白糖调味，开锅后转小火炖至八成熟，再放入海带炖20分钟，拣去姜片、花椒、八角，出锅即可。

东北乱炖 （热）

原料 五花肉200克，茄子、土豆、豆角段、尖椒块各50克，番茄、水发粉条、豆腐各30克，熟鹌鹑蛋2个

调料 葱末、姜末、蒜末、八角、高汤、色拉油、酱油、料酒、白糖、盐各适量

做法

1. 茄子、土豆、番茄洗净去皮，切块。豆腐洗净，切片。茄子块、土豆块、豆腐片、豆角段、尖椒块放入油锅中炸熟，捞出沥油。粉条洗净。五花肉洗净，切块。

2. 另起锅，下入葱末、姜末、蒜末、八角炒香，加入五花肉块、番茄块、粉条、高汤、鹌鹑蛋烧5分钟，下茄子块、土豆块、豆腐片、豆角段、尖椒块，入盐、酱油、料酒、白糖炖熟即可。

粉皮炖肉 （热）

原料 带皮五花肉500克，粉皮150克，香菜20克

调料 葱片、姜片、花椒、八角、清汤、植物油、料酒、酱油、白糖、盐各适量

做法

1. 五花肉洗净，切成大块，粉皮切成1.5厘米宽的条，香菜洗净，切段。

2. 锅中加底油烧热，下入肉块炒至变色，放入葱片、姜片、花椒、八角炒香，加入料酒、酱油、清汤、白糖、盐调味，烧开后用小火炖至五花肉块酥烂入味时，再加入粉皮炖至熟透，出锅装入盘中，撒香菜段即可。

卤汁狮子头 （热）

原料 五花肉400克，香菇25克，海米15克，鸡蛋1个

调料 葱段、姜块、香菜段、清汤、淀粉、色拉油、香油、酱油、绍酒、白糖、盐各适量

做法

1. 香菇、海米分别洗净，切小粒。五花肉洗净，切小粒，将香菇粒、海米粒、五花肉粒混合后加入鸡蛋、淀粉拌匀，团成肉丸。

2. 锅入油烧热，下入猪肉丸炸至稍硬，捞入砂锅中。

3. 锅留底油烧热，下入葱段、姜块炒香，烹入绍酒，加入清汤、酱油、白糖、盐烧沸，倒入砂锅中，用小火煮至熟透，捞出肉丸，原汤过滤，淋上香油，撒上香菜段即可。

梅花肉

梅花肉是靠近猪胸部的肉,肉质纹路是沿躯体走向延展,因此筋肉之间附着有细细的脂肪,用来做叉烧肉或煎烤肉,风味十足。

营养功效:补肾养血,滋阴润燥。主治热病伤津、消渴羸瘦、肾虚体弱、产后血虚、燥咳、便秘。梅花肉煮汤饮用,可急补由于津液不足引起的烦躁、干咳、便秘。

选购技巧:选购梅花肉时,优先选择颜色呈淡红或者鲜红的猪肉。也可以通过烧煮的办法鉴别,不好的猪肉放到锅里一烧水分很多,没有猪肉的清香味道,汤里也没有薄薄的脂肪层,吃时肉会很硬,肌纤维粗。

扣碗酥肉 （热）

原料 梅花肉300克,鸡蛋2个,水发木耳、枸杞各20克

调料 香菜段、花椒粉、干淀粉、香油、料酒、生抽、盐各适量

做法

1. 梅花肉洗净,切成长条,加入鸡蛋、料酒、生抽、盐、花椒粉、干淀粉抓匀。

2. 锅入油烧热,下入猪肉条炸至金黄色,捞出。

3. 蒸碗中摆入木耳、枸杞,放入炸好的肉条,加入热水没过肉,放入蒸锅中蒸20分钟。

4. 出锅后撒上香菜段,淋香油即可。

酥肉烩全蘑 （汤）

原料 梅花肉200克,口蘑、榛蘑、金针蘑、小白蘑各50克

调料 葱花、姜片、老汤、胡椒粉、水淀粉、植物油、白醋、盐各适量

做法

1. 梅花肉洗净,切三角块,用水淀粉裹匀,放入热油锅中炸至呈金黄色,捞出沥油。

2. 将口蘑、榛蘑、金针蘑、小白蘑洗净,入沸水锅中焯水,捞出沥水。

3. 锅入植物油烧热,下入葱花、姜片炝锅,再加入老汤,放入口蘑、榛蘑、金针蘑、小白蘑、梅花肉烧沸,加入盐、白醋、胡椒粉煮5分钟,装盘撒上葱花即可。

前排肉又叫上脑肉，是猪背部靠近脖子的一块肉，瘦肉夹肥，肉质较嫩，适于做米粉肉、炖肉。

营养功效：滋阴润燥，强壮骨骼，可改善缺铁性贫血、产后血虚、燥咳、便秘，能补虚、滋阴、润燥、滋肝阴、润肌肤、利小便和止消渴。

选购技巧：在肉店中往往有上肉、中肉标示，此时只要看肉的颜色，即可看出其柔软度。同样的猪肉，其肉色较红，表示肉较老，此种肉质既粗又硬，最好不要购买；颜色呈淡红色者，肉质较柔软，品质也较优良。

香葱煸白肉 （热）

原料 前排肉500克

调料 葱段、植物油、酱油、醋、白糖各适量

做法

1. 前排肉洗净，放入沸水锅中煮至八成熟，捞出凉凉，切成薄片。

2. 把前排肉片放入开水中烫一下，捞出沥干水。

3. 锅入油烧至七成热，放入葱段炒出香味，放入肉片翻炒几下，加入酱油、醋、白糖翻炒均匀，待肉片出油后略炒几下，起锅装盘即可。

五香卤肉 （热）

原料 前排肉1000克

调料 葱末、姜末、花椒、八角、山奈、草果、肉桂、白糖渣、胡椒粉、猪油、鸡油、酱油、绍酒、盐各适量

做法

1. 前排肉洗净，切大块，用开水煮一下，除去血水捞起。

2. 胡椒粉、花椒、八角、山奈、草果、肉桂制成香料袋。

3. 锅入猪油烧热，放入白糖渣炒至白糖渣化开，放入葱末、姜末、盐、酱油、绍酒、香料袋，烧开后撇去浮沫，放入鸡油，熬出香味，制成卤水。前排肉块放入卤水中烧开，卤至肉香软烂，捞出装盘即可。

青豆粉蒸肉 热

原料 前排肉500克，青豌豆50克

调料 葱花、姜末、豆瓣、甜酱、醪糟汁、清汤、胡椒粉、蒸肉粉、菜籽油、红油、酱油、白糖、盐各适量

做法

1. 前排肉洗净，切成薄片。豆瓣剁细。青豌豆洗净，放入沸水焯水。

2. 前排肉片加入醪糟汁、白糖、酱油、豆瓣、甜酱、胡椒粉、姜末、盐拌匀码味，加入蒸肉粉，用清汤、菜籽油拌匀，装入碗中，上面放入豌豆。

3. 上笼用旺火蒸1小时，盛入盘中，撒上葱花，淋红油即可食用。

四喜丸子 热

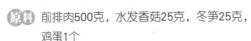

原料 前排肉500克，水发香菇25克，冬笋25克，鸡蛋1个

调料 葱末、姜末、八角、花椒、清汤、水淀粉、植物油、酱油、料酒、白糖、盐各适量

做法

1. 前排肉洗净，剁成肉馅，放入碗中，磕入鸡蛋，加入葱末、姜末、盐、白糖、水淀粉、料酒、酱油拌匀。香菇、冬笋洗净，切片。

2. 肉馅挤成4个肉丸子，放入油锅中炸至呈金黄色，捞出，放入碗中，加入清汤、盐、酱油、八角、花椒、料酒，放蒸笼中，旺火蒸30分钟，取出摆盘。

3. 另起锅，倒入蒸汁，下香菇片、冬笋片，旺火烧开，勾芡，加盐、葱末搅匀，浇在丸子上即可。

酥辣粉蒸肉 热

原料 前排肉300克，蒸肉粉150克

调料 葱末、姜末、干辣椒、刀口辣椒、芝麻、花椒、红油豆瓣、醪糟汁、色拉油、香油各适量

做法

1. 前排肉洗净，切成薄片，加入蒸肉粉、红油豆瓣、醪糟汁拌匀，平铺入蒸笼中蒸熟，取出凉凉，一片片卷起用牙签固定。

2. 锅入油烧热，放入粉蒸肉卷炸至呈金黄色，起锅沥油。

3. 锅置火上，放入花椒、干辣椒、葱末、姜末煸出香味，下入粉蒸肉卷、刀口辣椒炒匀，淋香油，撒上芝麻，起锅装盘即可。

原料 干豆角100克，新鲜前排肉300克

调料 葱花、红椒圈、辣椒粉、蚝油、植物油、盐各适量

干豆角蒸肉 （热）

做法

1. 前排肉洗净，切厚片，用盐、蚝油抓匀。

2. 干豆角用凉水稍泡，捞出洗净，切成长段。

3. 锅入油烧热，下入干豆角炒香，撒辣椒粉拌匀，盛入碗中，再将码好味的猪肉盖到干豆角上，淋适量水。

4. 将碗放入高压锅隔水蒸30分钟，取出拌匀，撒上葱花、红椒圈即可。

粉蒸肉 （热）

原料 前排肉250克，大米粉100克

调料 姜末、葱花、花椒末、白糖色、豆腐乳水、醪糟汁、高汤、酱油、白糖、盐各适量

做法

1. 前排肉洗净，切片。

2. 酱油、豆腐乳水、醪糟汁、白糖、盐、葱花、姜末、花椒末、白糖色放进深碟中拌匀，放进肉片一起调和，放入米粉，加少许高汤拌匀。

3. 将拌好的肉片皮向下，一片片放入蒸笼摆整齐，隔水蒸约2小时至熟，撒上葱花即可。

红油蒜香白肉 （凉）

原料 前排肉250克

调料 葱末、蒜泥、姜末、辣椒油、香油、酱油、白糖、盐各适量

做法

1. 前排肉刮洗干净，切成长片。

2. 盐、酱油、白糖调匀成咸鲜带甜味，再加入辣椒油、香油、蒜泥调匀成蒜泥味汁。

3. 前排肉放入锅中煮沸，打去浮沫，放入姜末、葱末煮至刚熟离火口。

4. 前排肉在煮的汤中浸泡至温热时捞出，切成大薄片，装入盘中，淋上调好的蒜泥味汁即可。

弹子肉

弹子肉位于猪后腿上方，均为瘦肉，肉质较嫩，能代替里脊肉使用。炖弹子肉时，不要用旺火，火势一急，肉便紧缩在一起。在炖肉时若放少许山楂或几片萝卜，肉可很快炖得酥烂。盐要放得迟一些，否则肉不易烂。炖肉的过程中，中途不要加水，否则蛋白质受冷骤凝，使肉或骨中的成分不易渗出。

营养功效：猪肉如果调煮得宜，它亦可成为"长寿之药"。猪肉经长时间炖煮后，脂肪会减少30%~50%，不饱和脂肪酸增加，而胆固醇含量会大大降低。

选购技巧：买猪肉时，挑选细嫩、筋少、肌纤维短的为佳。

白辣椒炒肉泥　（热）

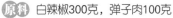

原料　白辣椒300克，弹子肉100克

调料　葱花、蒜片、红椒末、猪油各适量

做法

1. 白辣椒洗净，切碎，放入热锅中炒干水气。弹子肉洗净，剁成泥。

2. 锅置火上，放入猪油烧至八成热，下入蒜片炒香，再下入肉泥炒熟，下入白辣椒碎、红椒末炒香，撒上葱花，装盘即可。

酸豆角炒肉泥　（热）

原料　酸豆角150克，鲜弹子肉75克

调料　葱花、干椒末、鲜汤、植物油、香油、红油、盐各适量

做法

1. 酸豆角清洗干净，放入沸水中焯一下，捞出，切成米粒状，将水挤干，抓散，放入锅中炒干水气。

2. 鲜弹子肉洗净，剁成泥。

3. 锅置旺火上，放入植物油烧热，下入肉泥炒散，再下入干椒末、酸豆角，放入盐拌炒入味后，略放鲜汤焖一下，淋红油、香油，撒上葱花，出锅装盘即可。

原料 弹子肉200克，西蓝花100克，鸡蛋清20克

调料 葱末、姜末、鲜麻椒、豆瓣辣酱、高汤、淀粉、花生油、辣椒油、白糖、盐各适量

做法

1. 弹子肉洗净，切成片。西蓝花洗净，切块。

2. 锅入油烧热，下入西蓝花，加入盐炒熟，摆入盘中。

3. 弹子肉片用鸡蛋清、淀粉上浆，过油滑熟。

4. 锅中留少许油烧热，下入葱末、姜末、豆瓣辣酱、鲜麻椒爆锅，加入少许高汤、弹子肉片，用盐、白糖调味，旺火收汁，淋辣椒油炒匀，出锅装盘即可。

麻辣肉片 （热）

花仁肉丁 （热）

原料 弹子肉200克，花生仁100克

调料 葱片、蒜片、姜片、玉米淀粉、花生油、酱油、料酒、盐各适量

做法

1. 弹子肉洗净，切丁，加入盐腌片刻。花生仁洗净，去皮备用。

2. 酱油、盐、料酒、玉米淀粉调成味汁。

3. 锅入油烧热，下入花生仁炸至焦黄，捞出沥油。

4. 另起锅入油烧热，下入肉丁炒散，放入葱片、姜片、蒜片炒香，烹入调好的味汁，放入花生仁炒匀，出锅装盘即可。

花椒肉 （热）

原料 弹子肉500克，干辣椒30克

调料 姜末、葱段、花椒、高汤、菜籽油、酱油、黄酒、白糖、盐各适量

做法

1. 干辣椒洗净，去蒂、籽，切成段。

2. 弹子肉洗净，切丁，用盐、黄酒、葱段、姜片、酱油拌匀，腌渍约20分钟。炒锅入菜籽油烧热，放入肉丁炸3分钟捞起。

3. 锅内留油烧至七成热，下入干辣椒段、花椒，炒至呈棕红色时，放入白糖、酱油、高汤、肉丁炒匀，待汁收浓时，出锅装盘即可。

肉末烘蛋 （热）

原料 弹子肉50克，鸡蛋150克

调料 葱花、玉米淀粉、花生油、盐各适量

做法

1. 弹子肉洗净，切成末。

2. 玉米淀粉放入碗中，加水调制成水淀粉。

3. 鸡蛋打入碗中，加入肉末、盐、水淀粉、葱花、清水搅匀，调匀待用。

4. 锅内油烧热，放入调匀的鸡蛋液，用铲子摊成薄饼形，用一圆碗扣上，移至小火慢烘约4分钟，把碗揭开，鸡蛋翻面，再扣上碗烘4分钟，取出切块即可。

辣椒豆豉蒸肉饼 （热）

原料 弹子肉400克

调料 红杭椒圈、豆豉、胡椒粉、淀粉、花生油、浅色酱油、料酒、盐各适量

做法

1. 弹子肉洗净，剁烂，加入盐、胡椒粉、料酒、淀粉搅拌均匀，再加入少许花生油拌匀，放入盘中，压扁成圆饼形。

2. 上笼用中火蒸熟，取出，装入盘中，用适量汤水、浅色酱油调匀，浇在肉饼上，将豆豉、红杭椒圈均匀撒在肉饼顶部即可。

鸡蛋蒸肉饼 （热）

原料 弹子肉250克，鸡蛋1个

调料 葱花、姜末、胡椒粉、淀粉、蚝油、香油、盐各适量

做法

1. 弹子肉洗净，切成末，剁成肉泥。鸡蛋打入碗中，搅匀成鸡蛋液。

2. 肉泥中加入鸡蛋液、姜末、盐、蚝油、胡椒粉，顺一个方向搅打均匀，起劲后放入淀粉搅匀，淋入香油，即成肉馅。

3. 将弹子肉馅盛入蒸钵中，压扁成圆饼形，放入蒸锅中蒸15分钟，待熟透后取出，撒葱花即可。

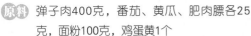

原料 弹子肉400克，番茄、黄瓜、肥肉膘各25克，面粉100克，鸡蛋黄1个

调料 清汤、水淀粉、植物油、料酒、盐各适量

做法

1. 弹子肉洗净，切成大薄片，放在盘中摊平。

2. 番茄、黄瓜分别洗净，切片。肉膘洗净，切成末，放入碗中，加入面粉、蛋黄搅成糊，涂在肉片上。

3. 锅入植物油烧至七成热，逐片下入肉片炸至呈金黄色，捞出控油，切成小块。

4. 锅加入少许清汤、料酒、盐，下入番茄片、黄瓜片，用水淀粉勾芡，烧开后盛入汤盘中，放酥肉块即可。

玻璃酥肉 汤

炖酥肉 汤

原料 弹子肉500克，鸡蛋3个，木耳20克

调料 葱段、姜末、花椒、高汤、淀粉、胡椒粉、酱油、盐各适量

做法

1. 鸡蛋打入碗中，加入淀粉搅匀成蛋糊。

2. 弹子肉洗净，切块，用盐拌过，放入蛋糊中裹匀。

3. 炒锅置旺火上，放入菜油烧至七成热，逐一放入裹蛋糊的肉块，反复炸至两遍，捞出。

4. 铝锅中放入高汤烧开，放入炸好的酥肉、葱段、姜末、花椒、胡椒粉、盐、酱油、木耳，汤开后移到小火上煮至肉烂，出锅装盘即可。

应山滑肉 汤

原料 弹子肉500克，熟鹌鹑蛋2个，鸡蛋1个，火腿2根，黄花菜15克

调料 葱末、姜末、红枣、枸杞、清汤、淀粉、胡椒粉、料酒、植物油、盐各适量

做法

1. 弹子肉洗净，切厚片，加入盐、料酒、姜末略腌。鸡蛋打散，加入水、淀粉拌匀，放入猪肉片拌匀裹浆。锅放油烧热，放弹子肉炸至呈金黄色，捞出。火腿切块。

2. 砂锅放入清汤烧开，加入弹子肉、红枣、枸杞、熟鹌鹑蛋煨20分钟，放入火腿块、黄花菜，加入盐、胡椒粉调味，烧开出锅，撒入葱末，装盘即可。

肘子

肘子位于猪前后腿下部，南方称蹄髈，即腿肉。肘子结缔组织多，质地硬韧。后蹄髈比前蹄髈好吃，酱、焖、红烧、清炖均可。

营养功效： 清火、排毒、滋阴润肺、养胃生津，有和血脉、润肌肤、填肾精、健腰脚的作用。

选购技巧： 肘子和猪蹄一样，都分前后，而且都以前肘（前蹄）为佳。前肘子筋多、瘦肉多、肉比较活，肥而不腻。后肘子的肉肥一些，而且肉也比较死，做出来的肘子不太好嚼。

卤猪肘 （凉）

原料 前肘2500克

调料 葱段、姜片、猪肉老卤、香油、调料油、老抽、料酒、盐各适量

做法

1. 猪肘洗净，用热水浸20分钟，捞出沥干。

2. 从肘骨上端将肘骨剔出，肉面剞交叉刀口。

3. 将盐、老抽、料酒、葱段、姜片、调料油调匀，抹在肘子肉面上，腌12小时。

4. 用棉线绳将猪肘包扎起呈球形，放入猪肉老卤罐中，慢火卤熟捞出，去掉绳网，刷一层香油即可。

秘制肘子 （热）

原料 肘子1个，油菜心50克，啤酒1罐

调料 葱段、葱花、姜片、白糖、八角、酱油、盐各适量

做法

1. 肘子洗净，放入凉水锅中烧热，待浸出浮沫时，翻转到另一面，捞出洗净。油菜心洗净焯水，捞出摆入盘中。

2. 净锅置火上，加入水烧开，放入肘子，加入葱段、姜片、八角，小火炖1小时，加入酱油、白糖、啤酒、盐，开锅后慢炖20分钟，将汁反复浇在肘子上，不断翻动肘子，让汁吸收得更均匀，待汁开始冒泡时，盛出，摆于盘中油菜心上，撒少许葱花即可。

原料 肘子1个（约重750克）

调料 葱花、姜末、花椒末、白糖、郫县豆瓣、鲜汤、菜油、甜红酱油、酱油、料酒各适量

东坡肘子 热

做法

1. 肘子洗净，放入开水锅中煮一下，除去血水，放入罐中。豆瓣剁细。

2. 炒锅置中火上，下入菜油烧至五成热，放入姜末、花椒末，加入豆瓣炒香，加入料酒、甜红酱油、葱花、酱油、白糖、鲜汤，烧开后倒入肘子罐中，旺火上烧开，除去泡沫，再用小火烧煨，将汁水收干亮油，出罐后装盘即可。

红焖肘子 热

原料 肘子1500克

调料 葱花、葱段、姜块、花椒、八角、蜂蜜、鲜汤、水淀粉、植物油、酱油各适量

做法

1. 肘子皮刮净，放入汤锅煮至八成熟，捞出去骨。表面抹蜂蜜，放入油锅炸至呈火红色捞出，肘子肉面剖十字花刀，肘皮相连，皮面朝下摆碗，放入葱段、姜块、花椒、八角、酱油、鲜汤，上屉蒸烂。

2. 取出肘子，拣去葱段、姜块、花椒、八角，将汤倒入炒锅，肘子扣在盘中。将汤汁烧开，加入水淀粉勾芡，撒上葱花即可。

清炖肘子 汤

原料 肘子750克，油菜、水发香菇各50克

调料 葱段、姜片、八角、花椒、鲜汤、料酒、盐各适量

做法

1. 肘子刮洗净，用水煮至断生后捞出，在里侧剖十字形花刀。油菜、水发香菇分别洗净，备用。

2. 锅中加入鲜汤、葱段、姜片、花椒、料酒、八角，将肘子皮朝下放入，用小火炖至肘子接近酥烂时，翻过来使其皮朝上，拣去葱段、姜片、八角、花椒，放入油菜心、水发香菇，烧开后撇去浮沫，装在汤碗中即可。

白菜冬笋炖肘子 （汤）

原料 白菜、冬笋各100克，肘子500克，枸杞5克

调料 葱末、姜末、香油、黄酒、盐各适量

做法

1. 肘子洗净，放入锅中焯水，捞出。白菜洗净，切块。冬笋去皮洗净，切段。

2. 锅中加入适量清水，放入肘子，待水烧开时，放入白菜块、冬笋段，用慢火炖至肉烂，加入葱末、姜末、黄酒、盐、枸杞，慢炖5分钟，淋上香油即可。

砂锅枸杞炖肘子 （汤）

原料 肘子500克

调料 葱段、姜片、枸杞、冰糖、料酒、盐各适量

做法

1. 肘子洗净，放入锅中稍煮一下，捞出，切块。

2. 将肘子块放入蒸锅中，加入料酒、葱段、姜片、盐蒸至熟烂。

3. 砂锅中加入水烧开，放入肘子块、枸杞炖煮，加入冰糖、盐调味，炖至肘子块入味即可。

红枣炖肘子 （汤）

原料 肘子1000克，红枣200克，小油菜心1个

调料 葱丝、姜丝、冰糖、花生油、酱油、料酒、盐各适量

做法

1. 肘子刮洗干净，放入开水锅中氽一下，除去血水。红枣洗净。

2. 锅入花生油烧热，放入冰糖烧化，用小火炒成深黄色糖汁。

3. 砂锅中放入肘子，加入温水，旺火烧沸，撇去浮沫，加入糖汁、冰糖、红枣、葱丝、姜丝、盐、酱油、料酒，用小火慢煨2小时，待肘子煨至熟烂，放入小油菜心即可。

夹心肉

夹心肉位于猪前腿上部，质老有筋，吸收水分能力较强，适于制馅、制肉丸子。

营养功效：味甘、咸，性平，可辅助治疗热病伤津、消渴羸瘦、肾虚体弱、产后血虚、燥咳、便秘等症。

选购技巧：新鲜的夹心肉肌肉有光泽，红色均匀，脂肪呈乳白色；外观微干或湿润，不黏手；纤维清晰，有坚韧性，肌肉指压后凹陷处立即恢复；具有鲜猪肉固有的气味无异味。

山东蒸丸子　　　热

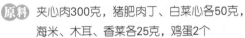

原料 夹心肉300克，猪肥肉丁、白菜心各50克，海米、木耳、香菜各25克，鸡蛋2个

调料 葱末、姜末、胡椒粉、料酒、盐各适量

做法

1. 夹心肉洗净，剁成泥，放入大碗中。海米、木耳、白菜心、香菜洗净，分别剁成末，放入盛肉泥的大碗中，加入肥肉丁、葱末、姜末、盐、料酒、鸡蛋、少许胡椒粉搅匀成馅。

2. 搅好的肉馅团成直径为2.5厘米的丸子，放入平盘中，入笼蒸10分钟，撒上香菜段即可。

金陵丸子　　　热

原料 夹心肉末300克，虾仁碎25克，鸡蛋1个，水发猪蹄筋50克，青菜叶30克，菜心适量

调料 葱末、姜末、猪肉汤、淀粉、猪油、绍酒、盐各适量

做法

1. 夹心肉末、虾仁碎放入碗中，打入鸡蛋，加盐、葱末、姜末、清水搅匀，做成小肉丸，放淀粉上滚匀。猪蹄筋洗净，切段。

2. 锅中放入猪油烧热，放入肉丸炸至呈黄色，取出。

3. 猪蹄筋放入炒锅中，倒入猪肉汤，下葱末、姜末、绍酒，旺火烧软，将肉丸放在蹄筋上，加盐、猪油，盖上青菜叶，旺火烧沸后转微火焖约30分钟，拣去青菜叶，加菜心即可。

豆芽肉饼汤 （汤）

原料 夹心肉200克，冬瓜50克，黄豆芽100克，鸡蛋1个

调料 葱花、姜末、高汤、胡椒粉、干淀粉、酱油、盐各适量

做法

1. 夹心肉洗净，剁细，装入碗中，加入鸡蛋、干淀粉、盐、姜末、葱花、高汤，搅拌均匀成馅，做成直径约15厘米的肉饼。豆芽择洗净。

2. 冬瓜洗净，切成片。将冬瓜片、黄豆芽放入装有鲜汤的锅中，加盐、酱油、胡椒粉调味，连汤带菜翻入汤碗中，将肉饼放在菜上，上笼蒸熟即可。

翡翠肉圆汤 （汤）

原料 夹心肉150克，嫩蚕豆仁100克，莴笋块、枸杞各适量

调料 葱段、姜片、清汤、色拉油、料酒、盐各适量

做法

1. 蚕豆仁洗净，放入沸水中烫片刻，捞出，放入清水中浸凉。

2. 夹心肉洗净，剁成肉馅，加入料酒、盐搅拌上劲。

3. 锅置火上，倒入色拉油烧热，放入葱段、姜片、枸杞、蚕豆仁、莴笋块煸炒，加入清汤、料酒烧沸，撇去浮沫，将夹心肉馅制成肉丸下入汤中，煮5分钟，加入盐调味，起锅倒入汤碗中即可。

氽冬瓜丸子 （汤）

原料 夹心肉150克，冬瓜150克

调料 葱末、姜末、香菜段、水淀粉、植物油、香油、料酒、盐各适量

做法

1. 夹心肉洗净，剁成蓉，用料酒、水淀粉、盐匀上浆，加入葱末、姜末、香油，继续搅上劲，制成丸子馅。冬瓜去皮洗净，切成薄片。

2. 锅入植物油烧热，放入葱末、姜末炝锅，烹料酒，加入适量开水，烧开后放入冬瓜片，把肉馅挤成小丸子下锅氽熟，放入盐调味，撒上香菜段即可。

猪排

猪排骨能提供人体生理活动必需的优质蛋白质、脂肪，其丰富的钙质可维护人体骨骼健康。猪排骨具有滋阴润燥、益精补血的功效，适宜气血不足、阴虚纳差者食用。排骨又分扁排和圆排，就是看排骨的骨头是呈圆的还是扁的，扁排比圆排好吃很多。

营养功效： 滋阴润燥，强壮骨骼，润肠胃、生津液、补肾气、解热毒。

选购技巧： 选购猪大排应选择肋骨和一块块的小排，以肉质鲜嫩、颜色红润、闻气没有异味的为好。

芝麻神仙骨 （热）

原料 排骨500克，干辣椒50克，熟白芝麻10克

调料 蒜末、姜末、蛋黄、沙姜粉、淀粉、植物油、香油、酱油、醋、白糖各适量

做法

1. 排骨洗净，切块，加入酱油、沙姜粉、蛋黄腌拌入味。干辣椒洗净，切段。

2. 锅入油烧热，放入排骨块炸至呈金黄色，捞出沥干。

3. 原锅留油烧热，放入蒜末、姜末、干辣椒段爆香，加入醋、白糖、淀粉、香油、酱油调味，放入排骨炒匀，撒上熟白芝麻，出锅即可。

巴蜀肋排 （热）

原料 排骨段500克，荷叶饼6张，土豆、青椒、红椒各30克

调料 葱花、八角、辣椒粉、孜然粉、花椒粉、红油、酱油、料酒、盐各适量

做法

1. 排骨段洗净，放入沸水锅中，加八角、料酒、酱油旺火烧沸，转小火煮熟。土豆洗净去皮，切条。青椒、红椒分别洗净，斜刀切块。

2. 锅入油烧热，放入土豆条炸至呈金黄色，捞出。

3. 锅留底油烧热，放入青椒块、红椒块、葱花爆锅，倒入排骨段、土豆条，放入盐、酱油、辣椒粉、红油、孜然粉、花椒粉炒匀，码上荷叶饼即可。

麻蓉椒盐排骨 （热）

原料 排骨500克，青尖椒、红尖椒各50克

调料 葱花、熟白芝麻、红干椒末、香辣酱、水淀粉、植物油、香油、花椒油、盐各适量

做法

1. 排骨洗净，放入温水中煮至八成熟。用盐、水淀粉上浆入味后，下入六成热油锅中炸至肉质酥香，倒入漏勺，沥干油。

2. 青尖椒、红尖椒分别洗净，切末。

3. 锅入油烧热，下入红干椒末、红尖椒末、青尖椒末炒香，放入盐、香辣酱，下入炸好的排骨，勾芡，淋花椒油、香油，撒上葱花、熟白芝麻，出锅即可。

糖醋排骨 （热）

红烧排骨 （热）

原料 排骨1000克

调料 葱段、姜片、蒜片、芝麻、泡青辣椒、泡红辣椒、水淀粉、鲜汤、菜油、酱油、醋、白糖、盐各适量

做法

1. 排骨洗净，切成小块。泡红辣椒、泡青辣椒分别洗净，切成小段。

2. 炒锅置火上，放入菜油烧至六成热，下入排骨块煨干水分，放入盐、酱油、蒜片、泡红辣椒段、泡青辣椒段、芝麻、鲜汤同烧1小时，待排骨入味肉软时，加入白糖、醋、葱段、姜片、水淀粉，收浓汁后，起锅装盘即可。

原料 排骨500克，青菜少许

调料 葱段、姜片、清汤、水淀粉、植物油、香油、酱油、料酒、白糖、盐各适量

做法

1. 排骨洗净，切成长段，放入沸水中余透，捞出冲净。

2. 锅入油烧热，下入葱段、姜片炝锅，烹入料酒，加入酱油、白糖、盐，加入清汤烧开，下入排骨段烧至熟烂入味，拣去葱段、姜片，用水淀粉勾芡，放入青菜，淋香油，出锅即可。

原料 排骨1000克

调料 葱段、姜块、花椒、鲜汤、辣椒粉、花椒粉、精炼油、香油、辣椒油、料酒、白糖、盐各适量

做法

1. 排骨洗净，氽水，装入盆中，加入鲜汤、盐、料酒、姜块、葱段、花椒，放入蒸笼蒸熟，拣去葱段、姜块、花椒。

2. 锅入精炼油烧热，下排骨炸至水分收干，捞出，复炸排骨至呈金黄色，捞出。

3. 锅置火上，放入鲜汤、排骨、盐、白糖收至汤汁将干，放入辣椒粉、花椒粉、辣椒油、香油，继续收至汁干亮油，起锅凉凉，装盘即可。

麻辣排骨 热

干烧排骨 热

原料 排骨800克，洋葱200克，红辣椒20克

调料 酱油、料酒、白糖、盐各适量

做法

1. 排骨洗净，剁成块。红辣椒洗净，剁碎。

2. 洋葱洗净，切丝，放入热油锅中，加入盐炒熟，捞出盛入盘中。

3. 油锅烧热，放入排骨翻炒，待肉发白时，加入酱油、料酒、白糖，加适量清水烧至水干，加入盐调味，待排骨熟烂后，起锅倒在洋葱上，撒上红辣椒碎即可。

香煎猪排 热

原料 排骨200克，鸡蛋1个

调料 葱末、姜末、咖喱汁、法香、干辣椒粉、面粉、色拉油、料酒、盐各适量

做法

1. 排骨洗净，切厚片，加入葱末、姜末、料酒、盐腌渍入味。鸡蛋打入碗中，搅匀成鸡蛋液。

2. 鸡蛋液、面粉搅匀，调制成糊。

3. 腌好的大排片裹匀蛋糊，放入热油锅中煎至呈金黄色，捞出，装入盘中，放入法香、干辣椒粉装饰在盘边。

4. 咖喱汁煮沸，盛入碟中，蘸食即可。

酥炸排骨 （热）

原料 里脊肉排2片

调料 姜末、蒜末、甘薯粉、五香粉、小苏打、植物油、酱油、料酒、白糖各适量

做法

1. 将蒜末、姜末、白糖、酱油、料酒、五香粉、小苏打调匀成腌酱，备用。

2. 里脊肉排洗净，切1厘米厚的片，用刀背拍松，加入腌酱拌匀，腌约15分钟取出，两面均匀蘸上适量甘薯粉。

3. 锅入植物油，用中火加热至油温达160℃时，放入里脊肉排炸至熟透，出锅装盘即可。

椒盐排骨 （热）

原料 排骨600克，鸡蛋1个，麻花1根

调料 葱末、姜末、黑胡椒粉、五香粉、地瓜粉、香油、酱油、米酒、白糖、盐各适量

做法

1. 排骨洗净，剁成方块，用五香粉、米酒、酱油、白糖、鸡蛋拌匀，腌渍30分钟，取出，裹匀地瓜粉，再放入油锅中炸熟，捞出。

2. 锅入油烧热，放入葱末、姜末爆香，再将炸好的排骨放入拌炒，撒入盐、黑胡椒粉，拌匀，淋上香油，装入盘中，放入麻花点缀即可。

乳香炸大排 （热）

原料 大排500克，绿豆粉100克，青辣椒碎、红辣椒碎各10克

调料 葱末、姜末、蛋黄、腐乳汁、淀粉、蒜粉、植物油、料酒、生抽、盐各适量

做法

1. 大排洗净，切成片。绿豆粉入油锅中炸至膨胀，铺于盘底。

2. 大排片放入盆中，加入葱末、姜末、腐乳汁、蛋黄、盐、蒜粉、淀粉、料酒、生抽腌30分钟。

3. 锅入油烧至六成热，下入腌好的大排片浸炸至熟，转旺火复炸一下，捞出放入盘中油炸绿豆粉上，撒上青辣椒碎、红辣椒碎即可。

原料 排骨500克，芹菜叶适量

调料 葱段、姜片、花椒、烟熏料、卤水、五香粉、色拉油、香油、料酒、盐各适量

做法

1. 排骨洗净，斩成块，加入盐、姜片、葱段、五香粉、料酒、花椒腌渍20分钟，放入蒸笼蒸熟，取出，放入卤水中浸泡5小时，捞出沥干。

2. 锅入油烧热，放入排骨块炸至色泽金黄，起锅捞出。

3. 将炸好的排骨块放入熏炉中，点燃烟熏料，熏至排骨色暗红、烟香入味时取出，刷上香油，装饰芹菜叶即可。

烟熏排骨 热

豉汁蒸排骨 热

豆豉蒸排骨 热

原料 排骨500克

调料 葱末、姜末、蒜末、豆豉、红豆瓣、甜酱、干淀粉、植物油、香油、料酒、生抽、冰糖、盐各适量

做法

1. 排骨洗净，斩成段。红豆瓣、豆豉分别剁细。

2. 排骨加入红豆瓣、豆豉、料酒、生抽、香油、冰糖、甜酱、蒜末、葱末、姜末、植物油、盐、干淀粉拌匀。

3. 将拌匀的排骨装入盘中，平铺放入蒸锅中蒸30分钟，出锅即可。

原料 排骨500克，油菜100克

调料 葱花、豆豉、蚝油、植物油、料酒、盐各适量

做法

1. 排骨洗净，剁成段，用蚝油、豆豉、盐、料酒腌5分钟。油菜洗净，焯水，装入盘中。

2. 腌好的排骨放入蒸锅中蒸25分钟，取出，摆在另一个铺好油菜的盘中，撒上葱花，锅入植物油烧热，淋在猪排骨上即可。

粉蒸排骨 热

原料 排骨、南瓜各300克

调料 葱末、蒜末、香菜末、蒸肉粉、酱油、白糖、盐各适量

做法

1. 葱末、白糖、酱油、盐、蒜末混合搅拌均匀，放入洗净沥干水分的排骨，腌渍约30分钟。

2. 南瓜洗净，对半切开，去皮后切成块状，整齐排放在盘中备用。

3. 排骨裹上一层蒸肉粉，放在南瓜上，整盘放入蒸笼中，盖上蒸笼盖，以旺火蒸约40分钟后，取出放上香菜末装饰即可。

荷叶排骨 热

原料 排骨400克，荷叶2张

调料 葱花、甜面酱、辣豆瓣酱、蒸肉粉、酱油、酒、白糖、盐各适量

做法

1. 排骨洗净，剁成长段，用甜面酱、辣豆瓣酱、白糖、蒸肉粉、盐、酱油、酒拌腌3小时。

2. 荷叶去梗，分成6块，用开水烫软，铺在蒸笼中。

3. 将腌好的排骨放在铺有荷叶的蒸笼中，蒸2小时，待排骨蒸熟时，撒上葱花即可。

浏阳豆豉蒸排骨 热

原料 排骨600克，传统豆腐1块，浏阳豆豉酱50克

调料 蒜末、红辣椒油、酱油、米酒、盐、葱花各适量

做法

1. 排骨洗净，斩成长段，用米酒、酱油、蒜末、盐拌匀腌渍15分钟，再加入浏阳豆豉酱拌匀。

2. 豆腐从中间剖开，铺入盘底，上面撒点盐、红辣椒油，将排骨放在上面，盖上保鲜膜，放入蒸锅中蒸1小时至排骨熟烂，取出，去除保鲜膜，撒上葱花即可。

原料　鲜猪排骨500克，海带200克

调料　香葱花、姜末、蒜蓉辣酱、胡椒粉、鸡粉、
　　　花生油、香油、老抽、料酒、盐各适量

做法

1. 排骨洗净，剁成长段，用凉水冲去血迹，沥
　　干。海带洗净，切成宽约1厘米的长条。

2. 将蒜蓉辣酱、盐、鸡粉、老抽、胡椒粉、香
　　油、香葱花、姜末、料酒调成酱，均匀地抹在
　　排骨上。

3. 将排骨、海带条放入蒸笼中蒸熟，烧热花生油
　　浇在菜上即可。

辣味蒸排骨　热

清蒸排骨　热

湘味小米排骨　热

原料　排骨400克，熟火腿、冬笋各100克

调料　葱丝、姜丝、高汤、料酒、盐各适量

做法

1. 排骨洗净，剁成长段，用开水烫一下。火腿、冬
　　笋分别洗净，切成小片。

2. 将排骨段放入碗中，加入火腿片、冬笋片、葱
　　丝、姜丝、料酒、盐、高汤，上笼用旺火蒸1小
　　时，将排骨捞出，装盘即可。

原料　排骨500克，小米100克，糯米粉50克，生
　　　菜叶适量

调料　葱段、姜块、蒜末、辣酱、豆瓣酱、十三香
　　　粉、猪油、红油、胡椒油、料酒、白糖、盐
　　　各适量

做法

1. 排骨剁段，洗净，加葱段、姜块、料酒、盐腌
　　30分钟，去葱段、姜块。小米洗净，姜切末。

2. 将小米、糯米粉、猪油、十三香粉、辣酱、豆
　　瓣酱、蒜末、姜末、胡椒油、白糖、清水拌
　　匀，均匀地裹在排骨上，淋红油，放入盛器
　　中，用蒸锅旺火蒸至排骨软烂，取出，装入铺
　　有生菜叶的盘中即可。

清炖排骨 （汤）

原料 排骨500克，白萝卜150克，枸杞10克

调料 葱段、姜片、花椒、胡椒粉、料酒、盐各适量

做法

1. 排骨洗净，剁成小块，放入锅中。白萝卜洗净，切成长方片。

2. 锅入适量清水，放入排骨烧开，撇净血沫，再改用小火，加入葱段、姜片、盐、料酒、胡椒粉、枸杞、花椒，盖上锅盖，炖1.5小时，放入白萝卜片，再炖30分钟，出锅即可。

黄豆排骨汤 （汤）

西施排骨煲 （汤）

原料 黄豆60克，排骨400克，榨菜、大枣各20克

调料 姜片、盐各适量

做法

1. 黄豆洗净，放入炒锅中略炒，捞出。榨菜洗净，切片，用清水浸泡，洗去咸味。

2. 排骨洗净，斩成段，放入开水中氽透，捞起。

3. 瓦煲内加入适量清水烧开，放入排骨段、黄豆、姜片、大枣、榨菜片，待汤烧开，改用中火煲至黄豆、排骨段熟烂，加入盐调味，出锅即可。

原料 排骨300克，山药100克，油菜80克

调料 蜜枣、肉清汤、料酒、盐各适量

做法

1. 排骨洗净，剁成小块，氽透。山药洗净，切成小块。油菜洗净，取菜心。

2. 砂锅置火上，放入肉清汤、料酒、排骨块、山药块、蜜枣、油菜心，烧开后撇去浮沫，改用小火炖3小时至排骨块酥烂，加入盐调味，出锅装入碗中即可。

猪蹄又叫猪脚、猪手，分前后两种。前蹄肉多骨少，呈直形；后蹄肉少骨稍多，呈弯形。

营养功效：猪蹄性平，味甘、咸，归胃经。能补血、通乳、脱疽，可用于食疗虚弱、妇人乳少、痈疽、疮毒等症。

选购技巧：挑选生猪蹄，一要看颜色，尽量买接近肉色的，过白、发黑及颜色不正的不要买；二要闻气味，新鲜的猪蹄有肉的味道，有刺激性味道或臭味的千万不要购买；三要选有筋的猪蹄，有筋的猪蹄富含胶原蛋白，营养丰富，美容养颜的功效更明显。

绿豆冻蹄 （凉）

原料 猪前蹄1只（500克），绿豆100克

调料 葱段、姜块、料酒、盐各适量

做法

1. 绿豆洗净，放入锅中煮烂，备用。

2. 猪蹄拔毛剔骨，刮洗干净，放入沸水锅中煮20分钟，用清水洗去血沫。

3. 猪蹄放入砂锅中，放入清水、料酒、葱段、姜块，旺火烧开，撇去浮沫，盖上盖，转小火炖2小时至烂，加入盐调味。将猪蹄捞出，放入平盘中。肉汤中的葱段、姜块捞出，绿豆放入汤中，再将汤舀入平盘中，放入冰箱冷冻，取出切块，装盘即可。

水晶肴蹄 （凉）

原料 净猪蹄4只

调料 葱丝、姜末、花椒、八角、香油、料酒、香醋、盐各适量

做法

1. 猪蹄刮洗干净，从中间劈开，剔骨汆水，洗净。

2. 猪蹄放入锅中，加入清水、盐，用旺火烧沸，撇去浮沫。花椒、八角用纱布包成料包，放入锅中，加入料酒，用旺火烧沸，撇去浮沫，盖上竹算子，微火慢焖至猪蹄熟烂，剔去骨头，定型冷却，改刀成片，盛入盘中，用葱丝、姜末、香醋、香油调味即可。

家常酱猪蹄 〔凉〕

原料 猪蹄1只

调料 葱片、姜片、蒜片、白糖、陈皮、八角、豆瓣酱、植物油、酱油、料酒、盐各适量

做法

1. 猪蹄洗净，放在火上烧至外皮变黄色，放入热水中稍泡，用刀从中间切开。

2. 锅入植物油烧热，放入豆瓣酱煸香，加入葱片、姜片、蒜片、八角、陈皮，烹入酱油、料酒，加入适量水，再把猪蹄、白糖、盐放入锅中烧开，转小火慢煮，待猪蹄煮烂，捞出凉凉即可。

香辣椒盐手抓猪蹄 〔热〕

原料 猪蹄2个

调料 葱末、姜末、蒜末、八角、辣椒粉、花椒粉、椒盐、植物油、料酒、生抽、盐各适量

做法

1. 猪蹄洗净，剁成大块余透，加入生抽、八角、葱末、姜末煮熟，捞出控干水分。

2. 锅入油烧热，放入猪蹄，先小火炸，再旺火将猪蹄炸至表面变得稍微焦脆，捞出控油。

3. 锅中留少许底油烧热，放入姜末、盐、蒜末、辣椒粉、花椒粉炒香，放入猪蹄，加入料酒，待猪蹄熟透时，撒入适量的椒盐，翻炒让猪蹄表面均匀沾上椒盐即可。

红烧猪蹄 〔热〕

原料 净猪蹄500克

调料 葱花、葱段、姜块、干辣椒、桂皮、八角、糖色、色拉油、料酒、酱油、白糖、盐适量

做法

1. 猪蹄洗净，斩成块，余水。

2. 锅入油烧热，放入姜块、葱段、桂皮、八角、干辣椒炒香，放入猪蹄煸干水分，加入料酒、白糖、酱油、白糖色，炒至猪蹄上色，加入水、盐，小火烧至酥烂。

3. 拣出姜块、葱段，盛入碗中，撒上葱花即可。

原料 水发蹄筋30根，水发香菇、冬笋片、青菜心、大虾仁各50克，鲜汤250毫升

调料 葱段、姜片、水淀粉、植物油、黄酒、盐各适量

做法

1. 发好的蹄筋洗净，切成长段，放入碗中。水发香菇、冬笋片洗净。

2. 碗中加入葱段、姜片、黄酒、鲜汤，上笼蒸10分钟，取出滤取汤汁。青菜心洗净，切去菜叶，放入沸水中略焯。锅入油烧热，下入青菜心略煸，取出。

3. 锅中加入汤汁、水发香菇、冬笋片、大虾仁、蹄筋、盐，烧沸后放入青菜心，待再烧沸后，用水淀粉勾芡即可。

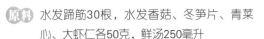

扒烧蹄筋 热

东坡金脚 热

酱椒蒸猪蹄 热

原料 猪蹄1只，冬菜、菠菜各150克，胡萝卜球、白萝卜球各10个

调料 葱花、姜片、花椒、胡椒粉、水淀粉、高汤、植物油、香油、酱油、料酒、白糖、盐各适量

做法

1. 猪蹄洗净，余水，加入少许酱油上色。

2. 猪蹄放入油锅中炸至呈金黄色，捞出沥油。

3. 油锅烧热，下葱花、姜片、料酒、花椒、盐、白糖、酱油爆锅，加高汤、猪蹄煮1小时，再入蒸锅蒸片刻。滗出汁，扣碟上。冬菜爆炒，放入蒸猪蹄的原汁，淀粉勾芡，放入葱花，淋在猪蹄上。胡萝卜球、白萝卜球放入油锅中炸片刻，与菠菜装饰在碟边，淋香油即可。

原料 猪蹄2只

调料 葱花、姜末、蒜末、红椒丁、青椒丁、酱椒、野山椒、蒸鱼豉油、蚝油、胡椒粉、鸡粉、色拉油、老陈醋、花雕酒各适量

做法

1. 猪蹄洗净，剁块，放入清水中浸泡12小时，捞出控干。

2. 酱椒用水冲去咸味，捞出控水剁碎。野山椒剁碎。

3. 锅入油烧热，放入蒜末、姜末煸香，再放入酱椒、野山椒、蒸鱼豉油、老陈醋、蚝油、花雕酒、胡椒粉、鸡粉调匀，制成酱汁出锅。猪蹄放入盘中，浇入炒好的酱汁，上笼旺火蒸1小时，取出撒上葱花、红椒丁、青椒丁即可。

开胃椒蒸猪蹄皮 (热)

原料 猪蹄2只，酱椒、小米椒、鲜红椒末各50克

调料 葱花、姜片、蒜末、桂皮、蒸鱼豉油、鲜汤、植物油、料酒、生抽、老抽、白糖、盐各适量

做法

1. 猪蹄洗净，剁成块，余水，捞出沥干。

2. 酱椒、小米椒剁碎挤干水分，放入锅中炒干，加入植物油、白糖制成辣椒酱。

3. 锅入油烧热，放入姜片、桂皮煸香，放入猪蹄炒香，加入料酒、生抽、老抽、蒸鱼豉油、盐、鲜汤，旺火烧开，转用小火烧至六成烂，取出扣入钵中，放入蒜末、辣椒酱，上笼蒸30分钟，扣入盘中，撒葱花、鲜红椒末即可。

潇湘猪蹄 (热)

蒸开胃猪蹄 (热)

原料 猪蹄3只，油菜100克，花生米30克

调料 葱末、姜末、干椒、剁椒、红椒粒、八角、香叶、胡椒粉、蚝油、红油、料酒、白糖、盐各适量

做法

1. 猪蹄烫毛剁块，过水凉凉。油菜洗净烫熟伴边。

2. 锅入油烧热，下猪蹄稍炸。

3. 锅中放入白糖，炒成白糖色，加入清水、干椒、盐、葱末、姜末、蚝油、料酒、八角、香叶烧开，下入猪蹄小火煨至猪蹄酥烂入味，捞出，摆于砂钵内，加入泡发的花生米、剁椒、红椒粒、红油、胡椒粉，上笼蒸约15分钟。上桌前翻扣于盘中，挂汁即可。

原料 猪蹄750克，酱辣椒10克，小米椒8克

调料 葱花、姜末、蒜末、蚝油、黄灯笼辣酱、蒸鱼豉油、广东米酒、植物油、盐各适量

做法

1. 猪蹄洗净，砍去脚爪，剁成方块，放入沸水中余水，沥干水分，拌入盐，扣在蒸钵中。

2. 酱辣椒、小米椒剁成细米粒状，加入蒜末、姜末、黄灯笼辣酱、蚝油、蒸鱼豉油、广东米酒、植物油拌匀，即成开胃酱。

3. 用汤匙将开胃酱浇在猪蹄上，上笼蒸30分钟，待猪蹄熟透后，撒上葱花，出锅即可。

原料 猪蹄1000克，花生米200克

调料 葱花、姜片、胡椒粉、盐各适量

做法

1. 猪蹄洗净，对剖开，剁成方块。花生米用冷水浸泡，去皮。

2. 砂锅置旺火上，加入适量清水，下入猪蹄烧沸，撇净浮沫，放入花生米、姜片、葱花，待猪蹄半熟时，将锅移至小火上，加入盐继续煨炖，待猪蹄炖烂后起锅，盛入汤碗中，撒上胡椒粉即可。

花仁蹄花汤 汤

淡菜煲猪蹄 汤

原料 净猪蹄750克，干淡菜50克，大豆10克

调料 姜块、淡色酱油、熟植物油、盐各适量

做法

1. 猪蹄洗净，剁成块，放入沸水中氽一下，捞出。

2. 淡菜浸洗，放温水中浸泡20分钟。

3. 猪蹄块、淡菜、大豆、姜块放入煲中，加入清水，盖上盖，用旺火烧沸，再用小火慢慢煨烧至熟透。将猪蹄、淡菜捞出，装入汤碗中，拣出姜块。

4. 煲中原汤加入熟植物油、淡色酱油烧开，撇去浮沫、浮油，加入盐调味，浇入猪蹄汤碗中即可。

臭豆腐猪手煲 汤

原料 猪蹄2只，臭豆腐100克

调料 姜片、蒜瓣、干辣椒段、八角、桂皮、辣妹子酱、高汤、十三香、色拉油、酱油、白糖、盐各适量

做法

1. 猪蹄洗净，切块，用沸水氽水，捞出洗净血污。白糖熬成白糖色。锅入油烧热，下入八角、桂皮、姜片、蒜瓣、辣妹子酱煸香，加入高汤、白糖色、十三香、盐、酱油调好味烧开。臭豆腐用小火炸3分钟，捞出。

2. 调好的汤倒入砂锅中，放入猪蹄，旺火烧开转小火煨至熟烂。锅入油烧热，放入蒜瓣、干辣椒段炒香，将猪蹄、臭豆腐一同下锅，炒匀即可。

猪肝

新鲜猪肝有颜色，褐色、紫色都不错。猪肝含蛋白质、脂肪、白糖类、钙、磷、铁、维生素A、维生素B_1、维生素B_2、维生素C、维生素B_3等。

营养功效：猪肝营养丰富，能补肝明目、养血，可用于食疗血虚萎黄、夜盲、目赤、浮肿、脚气等症。

选购技巧：选购猪肝应选择表面有光泽，呈紫红色的，手感有弹性，没有硬块或者水肿的猪肝为佳。如果猪肝表面有小白点是正常现象，但是小白点太多就不要购买。

麻辣猪肝 （凉）

原料 猪肝500克

调料 葱末、花椒油、辣椒油、香油、酱油、盐各适量

做法

1. 猪肝表面用刀轻轻划数刀，洗净，放入开水锅中煮熟，捞出凉凉，放入盘中。

2. 将辣椒油、花椒油、香油、酱油、盐、葱末放入碗中调匀，浇在猪肝上即可。

椒麻猪肝 （凉）

原料 猪肝500克

调料 葱花、辣椒油、花椒粉、香油、酱油、盐各适量

做法

1. 猪肝表面用刀轻轻划数刀，洗净，放入开水锅中煮熟，捞出凉凉，切片上碟。

2. 将辣椒油、酱油、花椒粉、盐、葱花、香油调匀成汁，浇在猪肝上拌匀即可。

麻酱猪肝 （凉）

原料 猪肝400克，西芹100克

调料 芝麻酱、精炼油、香油、料酒、白糖、盐各适量

做法

1. 猪肝洗净，切片。西芹洗净，切段，焯水。

2. 锅入清水烧沸，放入肝片，加入料酒汆水至熟，捞起凉凉。

3. 将芝麻酱、香油、精炼油调匀，放入盐、白糖搅拌均匀，制成麻酱味汁。西芹放入盘中，码上肝片，淋上麻酱味汁，拌匀即可。

红汤肝片 凉

原料 猪肝200克，西芹50克

调料 冷鸡汤、香油、辣椒油、白糖、盐各适量

做法

1. 猪肝洗净，斜刀切成厚片。西芹洗净，切成菱形片，放入盐腌制入味。

2. 猪肝片放入沸水中余水至熟捞起，晾冷。

3. 将盐、白糖、辣椒油、香油、冷鸡汤放入碗中，调匀成红汤味汁。

4. 取一圆盘，放入西芹片垫底，再盖上肝片，浇上红汤味汁，拌匀即可。

炝猪肝 凉

原料 猪肝300克，黄瓜、冬笋各100克，胡萝卜50克

调料 姜丝、蒜末、花椒、熟花生油、盐各适量

做法

1. 黄瓜、胡萝卜、冬笋分别洗净，切成片，放入沸水中烫一下，捞出过凉，沥水。猪肝切小薄片，洗去血污，放入冷水碗中，连水一同倒入沸水锅中，烫至断生捞出，放入凉开水中过凉，沥干水。熟花生油放入花椒炸成花椒油。

2. 将黄瓜片、胡萝卜片、冬笋片放入盘中，放入肝片，撒上姜丝、蒜末，再浇上炸好的花椒油，略焖一下，加入盐，拌匀即可。

卤猪肝 凉

原料 猪肝500克

调料 葱段、姜片、蒜瓣、花椒、八角、茴香、酱油、料酒、盐各适量

做法

1. 猪肝洗净，用刀在猪肝上割成花斜纹，放入沸水锅中余一下，捞出，沥干水分。花椒、八角、茴香装入纱布袋中成料包。

2. 锅入适量清水，放入料包，加入料酒、盐、酱油、蒜瓣、葱段、姜片烧沸，放入猪肝，烧沸后撇去浮沫，改为小火焖烧至猪肝熟透，出锅即可。

美人椒肝尖 （热）

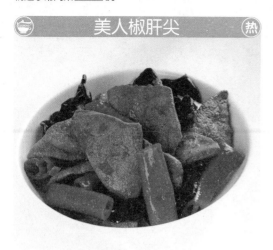

原料 猪肝400克，黑木耳150克

调料 姜片、红美人椒、泡山椒、蛋清、淀粉、植物油、红油、料酒、白糖、盐各适量

做法

1. 猪肝处理干净，切成片，漂净血水。黑木耳用清水泡好，洗净，沥干切块。

2. 将猪肝片加盐、料酒、淀粉、蛋清上浆。

3. 锅入油烧热，下入猪肝片滑炒成熟，捞出沥油。

4. 锅留底油烧热，下入红油、姜片，将泡山椒、红美人椒煸香，下入黑木耳块、猪肝片炒熟，加入料酒、白糖、盐调味，出锅装盘即可。

油菜炒猪肝 （热）

原料 猪肝、黑木耳、油菜各200克

调料 姜末、蒜片、水淀粉、猪油、香油、酱油、料酒、白糖、盐各适量

做法

1. 猪肝洗净，剔除筋膜，切片，用水淀粉拌匀上浆。黑木耳用清水泡好，洗净。油菜去叶，洗净切段。

2. 将蒜片、姜末、酱油、料酒、盐、白糖、水淀粉放在碗中，加入适量水，调成芡汁备用。

3. 锅入猪油烧热，放入猪肝片、黑木耳、油菜段炒熟，倒入芡汁炒匀，淋香油即可。

砂锅炖吊子 （汤）

原料 熟猪肝、熟猪肚、熟猪肺、熟猪心、熟肥肠各100克，油豆腐、玉兰片、口蘑、海米、熟大油各适量

调料 葱花、葱段、姜块、蒜瓣、香菜段、桂皮、奶汤、胡椒粉、香油、酱油、米醋、料酒、盐各适量

做法

1. 将熟猪肝、熟猪心、熟猪肺、熟肥肠、熟猪肚切小段。玉兰片、口蘑洗净，切片。

2. 葱段、蒜瓣、姜块放入油锅中煸香，放入油豆腐、海米、盐、奶汤、米醋、酱油、胡椒粉、料酒、桂皮烧开，倒入砂锅中，再将步骤1中切好的熟食倒入，用小火炖30分钟，将葱段、姜块捞出，撒上葱花、香菜段，淋香油即可。

猪腰

猪腰即猪肾，性冷，味咸，归肾经。猪腰含维生素B$_1$、维生素B$_2$、抗坏血酸等营养元素，能理肾气、通膀胱、消积滞、止消渴，可用于食疗肾虚腰痛、身面水肿、遗精、盗汗、老人耳聋等症。

营养功效：补肾壮阳，补脾益肺，生津止渴，安神益智，对食疗肾虚所致的腰酸痛、肾虚遗精、耳聋、水肿、小便不利有很好的功效。

选购技巧：在选购猪腰的时候，首先要注意猪腰表面是否有出血点，如果有出血点则为不正常；其次观察猪腰的体型是否比一般的猪腰大而且厚，如果是又厚又大，则很可能是红肿。

芦荟拌腰花 （凉）

原料 鲜猪腰400克，百合、芦荟各50克

调料 蒜片、红椒、胡椒粉、姜汁酒、生抽、香醋、白糖各适量

做法

1. 猪腰清洗干净，一剖两半，去掉腰臊，用刀斜切成片状，放入水中漂去血水。

2. 芦荟洗净，切成片。百合剥片洗净。红椒洗净，切片。

3. 香醋、白糖、蒜片、生抽、胡椒粉放入碗中调成味汁。

4. 猪腰片、百合片、红椒片放入开水锅中汆至断生，捞起沥水，放入盘中，淋上调味汁即可。

腐乳拌腰丝 （凉）

原料 猪腰400克，红腐乳、果仁碎、豆皮丝、金针菇各30克

调料 葱花、蒜末、熟芝麻、姜汁、香油、花椒油、红油、酱油、食醋、白糖、盐各适量

做法

1. 金针菇切去根部，洗净焯水，捞出。豆皮丝洗净，入沸水，加盐煮熟，捞出沥水。金针菇、豆皮丝放盘中垫底。

2. 猪腰处理干净，切粗丝，漂净血水，放入沸水锅中焯熟，捞出放入盘中，撒上果仁碎。红腐乳连汁压成泥，放酱油、醋、姜汁、蒜末、红油、花椒油、香油、熟芝麻、葱花、白糖调成味汁，浇在腰丝上即可。

椒麻腰花 凉

原料 猪腰200克

调料 葱叶、生花椒、冷鲜汤、香油、酱油、盐各适量

做法

1. 葱叶洗净。生花椒去掉黑籽。葱叶与花椒混合后用刀反复剁细，制成椒麻糊。

2. 猪腰洗净，剖两片，去腰臊，用剞刀切成腰花。

3. 锅入水烧沸，放入腰花汆水断生，捞出装盘。

4. 将酱油、盐、冷鲜汤调匀呈浅棕黄色的咸鲜味，加椒麻糊、香油调匀成椒麻味的味汁，将调好的椒麻味汁淋在盘内的腰花上即可。

宫保腰块 热

原料 猪腰250克，炸腰果100克，干辣椒20克

调料 葱片、姜片、蒜片、花椒、干淀粉、植物油、酱油、醋、料酒、白糖、盐各适量

做法

1. 猪腰洗净，去除腰臊，在一面剞十字花刀，再切成1厘米宽的条形块，用少许盐、料酒、干淀粉上浆。干辣椒洗净，切段。用白糖、醋、酱油、料酒、盐、干淀粉调成味汁。

2. 锅入油烧热，放入干辣椒段、花椒，待辣椒炸至呈深褐色时，下入腰块炒散，放入姜片、葱片、蒜片稍炒，烹入调好的汁炒熟，撒上炸腰果即可。

杜仲腰花 热

原料 猪腰200克，杜仲15克

调料 葱段、姜片、蒜片、花椒、干淀粉、混合油、酱油、绍酒、醋、白糖、盐各适量

做法

1. 杜仲洗净，加水熬成50毫升的浓汁，加绍酒、酱油、干淀粉、盐、白糖调成芡汁。

2. 腰子一剖两半，片去腰臊筋膜，切成腰花。

3. 炒锅置旺火上烧热，倒入混合油烧至八成热，放入花椒，投入腰花、葱段、姜片、蒜片快速炒散，沿锅倒入芡汁、醋，翻炒均匀即可。

（原料）猪腰600克，蒜薹段20克，干辣椒10克

（调料）葱丝、姜丝、植物油、白糖、盐各适量

（做法）

海派腰花 （热）

1. 猪腰切两半，除去腰臊，剞十字花刀，切成腰花。辣椒洗净，一部分切丝，一部分切粒。

2. 油锅烧热，下入腰花，加入盐滑熟，捞出，放入碗中。

3. 另起油锅，加入姜丝、蒜薹段、葱丝、辣椒丝、盐、白糖炒匀，淋在腰花上，撒上辣椒粒即可。

火爆腰花 （热）

酸辣腰花 （热）

（原料）猪腰200克，莴笋75克，泡辣椒片10克

（调料）葱片、姜片、蒜片、鲜汤、水淀粉、胡椒粉、植物油、香油、酱油、料酒、盐各适量

（做法）

1. 莴笋洗净，切成条。猪腰撕去皮膜，切成两半，去腰臊，剞十字花刀，切成凤尾形，加入料酒、盐、水淀粉拌匀。

2. 盐、胡椒粉、料酒、酱油、鲜汤、水淀粉、香油调成咸鲜芡汁。

3. 锅入油烧热，下入腰花快速爆散，放入泡辣椒片、葱片、姜片、蒜片爆香，放入莴笋条炒匀，倒入咸鲜芡汁，待收汁装盘即可。

（原料）猪腰600克，泡菜、冬笋、红尖椒、干香菇各30克

（调料）蒜末、淀粉、猪油、香油、酱油、料酒、盐各适量

（做法）

1. 猪腰撕去筋膜，片两半，去腰臊，剞十字花刀，用料酒、盐、淀粉腌制上浆。

2. 泡菜、冬笋、香菇分别洗净，切条。红尖椒洗净，切块。

3. 锅入猪油烧热，下入腰花滑至八成熟，捞出控油。

4. 锅留底油烧热，下入冬笋条、泡菜条、香菇条、红尖椒块、蒜末煸炒，烹入料酒、盐、酱油，勾芡，倒入滑熟的腰花，淋香油，装盘即可。

黄花菜蒸猪腰 〔热〕

原料 猪腰300克，黄花菜、木耳、红枣各100克

调料 胡椒粉、淀粉、香油、酱油、料酒、白糖、盐各适量

做法

1. 猪腰撕去皮膜片，去腰臊，剞十字花刀，用开水烫一下，捞起放入容器中，放入水中泡15分钟。

2. 黄花菜洗净，放入水中泡柔软。木耳、红枣用温水泡软后洗净。

3. 将猪腰、黄花菜、木耳、红枣放入容器中，加入酱油、料酒、白糖、盐、胡椒粉、淀粉搅匀，盛入盘中，放入蒸笼蒸15分钟，取出，淋入香油即可。

软炸腰花 〔热〕

原料 猪腰100克，小麦面粉25克，鸡蛋60克

调料 椒盐、甜面酱、猪油、料酒、盐各适量

做法

1. 猪腰对剖开，去净腰臊，斜片成片。鸡蛋打散，加入盐、料酒、水、小麦面粉搅成糊浆。

2. 把腰片挂糊，放入六成热猪油锅中炸至外层结壳后捞起。

3. 待油锅八成热时，放入腰片复炸至呈金黄色捞出，装入盘中，食用时用椒盐、甜面酱蘸食。

豆芽油菜腰片汤 〔汤〕

原料 猪腰200克，黄豆芽、油菜各50克

调料 葱片、姜片、高汤、胡椒粉、食用油、香油、料酒、盐各适量

做法

1. 猪腰洗净，除去腰臊切片，余水控干水分。

2. 黄豆芽洗净，焯水。油菜洗净，取菜心。

3. 锅入油烧热，放入葱片、姜片、料酒爆锅，放入黄豆芽、油菜炒一下，加入高汤、盐、胡椒粉调味，开锅后放入腰片煮2分钟，淋香油，出锅即可。

猪心

猪心为猪的心脏，是补益食品。猪心性平，味甘、咸，归心经。猪心含蛋白质、脂肪、钙、磷、铁、维生素 B_1、维生素 B_2、维生素 C 及维生素 B_3 等，对增强心肌收缩力有很大的作用。

营养功效：能养心安神、补血，常用于食疗惊悸、怔忡、自汗、不眠等症。

选购技巧：优质的猪心用手摸一下会感到很有弹性，而且质地坚硬，切面处看去很整洁，挤压一下会有鲜红色的血液渗出。否则，购买的猪心很可能是病猪或者不新鲜的猪。

原料 猪心300克

调料 香菜段、八角、花椒粒、胡椒粒、甘草、桂皮、茶叶、绍酒、盐各适量

做法

1. 猪心切开，去白筋洗净，汆水，捞起沥干。

2. 加入甘草、八角、花椒粒、桂皮、茶叶、盐、绍酒、胡椒粒，用旺火煮开，转小火，放入猪心略煮，再关火浸泡2小时，捞出。

3. 猪心放凉，切成薄片，装入盘中，撒香菜段装饰即可。

茶香猪心 （凉）

菜心沙姜猪心 （热）

原料 菜心150克，猪心300克，沙姜5克

调料 色拉油、酱油、盐各适量

做法

1. 菜心洗净。猪心、沙姜洗净，切片。

2. 锅入油烧热，放入菜心稍炒片刻，再下入猪心、沙姜，调入盐、酱油，炒熟即可。

党琥猪心煲 （汤）

原料 猪心500克，党参、琥珀粉、枸杞、水发黑木耳各10克

调料 清汤、料酒、盐各适量

做法

1. 猪心洗净，切成两半，放入沸水汆透，切块。

2. 黑木耳洗净，撕成片。枸杞洗净。

3. 砂锅内放入清汤、料酒、猪心烧开，撇去浮沫，放入黑木耳、党参、琥珀粉，用小火炖约2小时，加入枸杞略烧，用盐调味，出锅装盘即可。

红枣猪心煲 汤

原料 熟猪心250克，去核红枣100克，枸杞适量

调料 葱段、姜块、高汤、料酒、盐各适量

做法

1. 熟猪心洗净，切片。红枣洗净，去核。

2. 砂锅置旺火上，放入熟猪心片、红枣、枸杞、高汤，加入料酒、姜块、葱段，煮沸后撇去浮沫，加盖炖20分钟至熟烂，加入盐调味，出锅装入碗中即可。

琥珀猪心煲 汤

原料 猪心300克，山药100克，红枣20克，党参5克

调料 琥珀粉、清汤、料酒、盐各适量

做法

1. 猪心洗净，切成两半，放入沸水锅中烫透，切成小块。山药去皮洗净，切片。

2. 砂锅置旺火上，放入清汤、料酒、猪心块，烧开后撇去浮沫，放入山药片、琥珀粉、党参、红枣，用小火炖至猪心块熟烂，加入盐调味，装碗即可。

口蘑猪心煲 汤

原料 猪心200克，口蘑150克，水发黑木耳50克

调料 清汤、酱油、料酒、盐各适量

做法

1. 口蘑洗净，去柄。猪心洗净，切成两半，放入沸水中氽透，切成小块。黑木耳洗净，撕成片。

2. 砂锅中放入清汤、料酒、猪心块，烧开后撇去浮沫，待炖至八成熟时，加入酱油、盐、口蘑、黑木耳片，炖至口蘑、黑木耳片断生时，装入碗中即可。

龙实猪心煲 汤

原料 猪心300克，龙眼肉15克，芡实50克，山药片60克

调料 清汤、料酒、盐各适量

做法

1. 龙眼肉、芡实洗净。猪心洗净，一切两半，放入沸水氽透，切成小片。

2. 砂锅中放入清汤、料酒、猪心、山药片烧开，撇去浮沫，加入芡实、龙眼肉，炖至猪心熟透，加入盐调味，出锅装盘即可。

猪肠

猪肠是用于输送和消化食物的，有很强的韧性，并不像猪肚那样厚，还有适量的脂肪。根据猪肠的功能可分为大肠、小肠和肠头，它们的脂肪含量是不同的，小肠最瘦，肠头最肥。猪肠适于烧、烩、卤、炸等烹饪方法。

营养功效：性微寒，味甘，补虚损，润肠治燥，止血，常用于食疗便血、血痢、痔疮、脱肛等症。

选购技巧：新鲜猪肠呈乳白色，质稍软，具有韧性，有黏液，不带粪便及污物。变质猪肠呈淡绿色或灰绿色，组织软，无韧性，易断裂，具有恶臭味。

五香卤大肠 （凉）

原料 大肠1000克

调料 葱片、姜片、蒜末、花椒、八角、陈皮、胡椒粉、植物油、酱油、料酒、盐各适量

做法

1. 大肠收拾干净，放入开水中稍煮，捞出洗净。

2. 锅入油烧热，加入葱片、姜片、蒜末、花椒、八角、陈皮爆香，烹入料酒、酱油，加入适量开水，放入大肠、盐、胡椒粉烧开，转小火慢煮，待大肠煮熟，捞出凉透，切块，装入盘中即可。

黄豆芽炒大肠 （热）

原料 黄豆芽250克，卤大肠100克，菠菜50克，红椒10克

调料 葱丝、蒜末、XO酱、植物油、香油、白糖、盐各适量

做法

1. 卤大肠斜刀切段。红椒洗净，切丝。黄豆芽洗净，放入锅中炒至八成熟，备用。菠菜洗净，切段。

2. 锅入油烧热，放入卤大肠炸至呈金黄色，捞出控油。

3. 锅留余油烧热，放入葱丝、蒜末、红椒丝爆香，下入黄豆芽、大肠、菠菜段翻炒，加入盐、XO酱、白糖调味，淋香油，炒匀出锅即可。

石锅辣肥肠 热

原料 肥肠400克，红椒、洋葱、蒜苗各50克

调料 姜片、蒜片、卤水、色拉油、米酒、盐各适量

做法

1. 肥肠洗净，放入沸水锅中氽水，捞出冲凉，放入卤水中，中火卤制1小时，取出，切成长段。

2. 红椒、洋葱分别洗净，切片。蒜苗洗净，切段。

3. 肥肠入油锅中炸至上色，捞出沥油。

4. 锅留底油烧至六成热，下入红椒片、姜片、蒜片、洋葱片煸香，加入盐、肥肠、蒜苗段、米酒，旺火翻炒片刻，出锅装入石锅即可。

傻儿肥肠 热

原料 肥肠400克，菜心200克，胡萝卜10克，毛豆适量

调料 植物油、酱油、料酒、盐各适量

做法

1. 肥肠洗净，切片。毛豆洗净。胡萝卜洗净，切丁。

2. 菜心洗净，切段，入沸水中焯熟，装入盘中。

3. 炒锅入油烧热，放入肥肠炒至变色，再放入毛豆、胡萝卜丁一起翻炒，待肥肠炒熟时，倒入酱油、料酒拌匀，加入盐调味，起锅倒在盘中的菜心上即可。

麻花肥肠 热

原料 肥肠300克，麻花100克，干辣椒20克

调料 葱段、姜片、花椒、植物油、料酒、盐各适量

做法

1. 肥肠处理干净，切成段，放入沸水锅中，加入料酒、葱段、姜片氽烫，捞出沥干。干辣椒切段。

2. 锅入油烧热，下入肥肠稍炸，捞出沥油。

3. 锅留底油烧热，下入干辣椒段、花椒煸出香味，加入麻花、肥肠段炒熟，加入盐调味，出锅即可。

(原料) 泥肠250克，洋葱、胡萝卜、干辣椒各80克

(调料) 食用油、辣酱油、白糖各适量

(做法)

1. 泥肠洗净，切成片。洋葱、胡萝卜去皮洗净，切成丝。干辣椒泡透，切成丝。

2. 锅入油烧至八成热，放入泥肠片，待泥肠涨大时，捞出待用。

3. 锅留余油烧热，放入干辣椒丝、洋葱丝、胡萝卜丝炒香，倒入辣酱油、白糖、炸好的泥肠，炒匀出锅即可。

辣汁泥肠 (热)

香芋肥肠钵 (热)

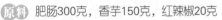

豆腐烧肠 (热)

(原料) 肥肠300克，香芋150克，红辣椒20克

(调料) 葱结、葱段、姜片、干红椒段、香料（八角、桂皮、草果、香叶、波扣）、香辣酱、鲜汤、水淀粉、植物油、香油、红油、料酒、白糖、盐各适量

(做法)

1. 肥肠洗净，切片。香芋洗净，切片。红辣椒洗净，切片。

2. 锅入油烧热，下入姜片、干红椒段、葱结、香料炒香，下入肥肠炒至水干出油时，下入香芋煸炒，加盐、白糖、料酒、香辣酱炒香，加入鲜汤焖至汤汁浓郁，去香料、葱结、勾芡，淋红油、香油，撒红辣椒片、葱段，移小火烧开即可。

(原料) 豆腐40克，肥肠100克

(调料) 葱花、姜末、蒜末、豆瓣酱、料酒、盐各适量

(做法)

1. 豆腐洗净，切丁。肥肠洗净，切块。

2. 锅置旺火上，放入适量水烧开，下入豆腐丁焯一会儿，捞出。

3. 锅入油烧热，下入姜末、蒜末、豆瓣酱炒香，放入肥肠块炒熟，加入清水煮沸，加入豆腐丁烧开，放入盐、料酒、葱花炒匀，出锅即可。

清炸肥肠 热

原料 熟肥肠400克

调料 葱白、香菜、花椒盐、色拉油、酱油、料酒各适量

做法

1. 熟肥肠切成长段，加入料酒用手抓匀，再放入酱油腌渍片刻，捞出。

2. 炒锅中入油，烧至六成热，放入肥肠段炸至呈枣红色，捞出控净油，放在砧板上切成斜块，码放在盘中即可，放上葱白、香菜段，盘中倒入适量花椒盐即可。

粉蒸肥肠 热

原料 肥肠300克，地瓜200克

调料 葱花、姜末、香油、甜面酱、辣豆瓣酱、胡椒粉、花椒粉、蒸肉粉、酱油、酒、白糖各适量

做法

1. 肥肠洗净，切成长段，用酱油、辣豆瓣酱、酒、甜面酱、白糖、胡椒粉、姜末、葱花、香油拌腌20分钟，再与蒸肉粉拌匀。

2. 地瓜洗净去皮，切小块，拌上腌肥肠剩的调味料，平铺在笼屉上，肥肠均匀地铺在地瓜上。

3. 将笼屉放在锅上蒸1小时，装盘即可。

4. 取出蒸肠上碟，淋香油，撒葱花、花椒粉即可。

圆笼粉蒸肥肠 热

原料 鲜猪肥肠350克，蒸肉米粉100克，粽叶适量

调料 葱花、葱段、姜片、蒜片、香菜碎、八角、辣椒粉、花椒粉、食用油、料酒、生抽、白糖、盐各适量

做法

1. 肥肠清洗干净，切成小段，用料酒、生抽、蒜片、葱段、姜片、盐、八角腌制入味。

2. 将蒸肉米粉、辣椒粉、花椒粉、白糖、食用油等拌入腌制好的肥肠中拌匀，使每个肥肠都能裹上米粉。

3. 蒸笼中铺上一层粽叶，将拌好的肥肠平铺在粽叶上，上蒸笼，水开后改小火蒸约90分钟即可。

4. 将蒸好的肥肠装入花筐内，撒葱花、香菜碎即可。

毛血旺 （汤）

原料 熟肥肠片、鸭血片、鳝鱼、火腿肠片、黄豆芽、毛肚丝各适量

调料 葱花、姜片、蒜片、干红辣椒、花椒、豆瓣酱、骨头汤、植物油、醋、料酒、白糖、盐各适量

做法

1. 鸭血、鳝鱼、黄豆芽、熟肥肠、毛肚洗净。

2. 干红辣椒、豆瓣酱、姜片、蒜片入油锅煸香，油呈红色时，捞出渣子，倒骨头汤，制成红汤。

3. 鸭血、鳝鱼、黄豆芽、毛肚氽水，连同火腿肠、熟肥肠放入红汤内，加盐、白糖、料酒、醋调味，待原料熟透倒入容器，撒葱花、干辣椒、花椒，烧热油浇上即可。

炖吊子 （汤）

原料 熟肥肠350克，冬笋75克，粉丝30克

调料 葱花、姜片、蒜片、蚝油、胡椒粉、植物油、酱油、料酒、盐各适量

做法

1. 肥肠洗净，切片。冬笋洗净，切片。粉丝用温水泡软。

2. 肥肠、冬笋放入开水锅中，煮透，捞出控水。

3. 锅入油烧热，放入姜片、蒜片、蚝油煸炒出香味，烹入料酒、酱油，加入开水，随后放入肥肠、冬笋、粉丝、盐、胡椒粉，烧开稍煮，撒上葱花即可。

豌豆肥肠汤 （汤）

原料 肥肠1000克，干豌豆250克

调料 葱末、姜末、花椒、胡椒粉、明矾、醋、盐各适量

做法

1. 肥肠切去肠头圈口，用盐将肥肠反复揉搓，去尽杂质，清洗干净。再加研细的明矾反复搓洗一次，洗净，放入沸水锅中煮15分钟，捞出。

2. 干豌豆用温热水泡12小时，泡涨后洗净。

3. 煮过的肥肠切成数段，下入开水锅中，加入葱末、姜末、花椒、盐、胡椒粉用旺火烧开，改用小火炖至七成烂，捞出肥肠，切成长节，再同豌豆一同下锅，继续炖至肥肠熟烂，加入醋调味，出锅装盘即可。

猪肚

猪肚即猪的胃，性微温，味甘，入脾、胃经。猪肚含蛋白质、脂肪、钙、磷、铁、维生素 B_1、维生素 B_2、维生素 B_3 等。

营养功效： 可补虚损、健脾胃，常用于食疗虚劳羸弱、泻泄、下痢、消渴、小便频数、小儿疳积等症。

选购技巧： 在挑选猪肚的时候，首先要注意色泽是否正常；其次观察胃的底部和胃壁是否有血块和坏死的组织，坏死的组织会呈现出发紫发黑的颜色；最后再闻一闻是否有臭味和异味，若有臭味则是病猪肚或者变质的猪肚。

萝卜干拌肚丝 （凉）

原料 猪肚500克，萝卜干200克

调料 辣椒丝、花椒粉、白卤水、香油、醋、白糖、盐各适量

做法

1. 猪肚洗净，放入盆中，加入盐、醋反复揉搓，使表面黏液脱落，洗净，放入沸水锅中余水。萝卜干用水泡好，洗净。

2. 猪肚放入白卤水中煮熟，捞起凉凉，改刀成丝。

3. 肚丝、萝卜干中加入盐、香油、辣椒丝、花椒粉、白糖，拌好味后，装盘即可。

麻辣拌肚丝 （凉）

原料 猪肚750克，尖椒丝30克

调料 葱丝、芝麻、辣豆瓣酱、花椒面、香油、辣椒油、酱油、盐各适量

做法

1. 猪肚洗净，放入开水锅中煮熟，捞出晾干，切成丝，放入盘中。

2. 尖椒丝、葱丝、香油、酱油、盐、辣椒油、花椒面、芝麻、辣豆瓣酱调匀，做成酱料。

3. 将酱料浇在猪肚丝上，拌匀即可。

剁椒肚片 （热）

原料 熟猪肚250克，泡辣椒50克，芹菜80克

调料 葱花、泡姜、干辣椒丝、精炼油、香油、白糖、盐各适量

做法

1. 熟猪肚切成斜刀片，装入盘中。泡辣椒、泡姜切丝。芹菜洗净，切成段，放入沸水锅中焯水，捞出冲凉。

2. 锅入精炼油烧热，放入干辣椒丝、泡辣椒丝、泡姜丝炒香，放入芹菜段、葱花、肚片翻炒，加入盐、白糖炒匀，淋香油，装入盘中即可。

原料 猪肚头100克，青椒、红椒、胡萝卜各50克

调料 葱丝、姜丝、仔姜、香菜段、花椒、蚝油、酱油各适量

做法

1. 猪肚头洗净，加入花椒、仔姜、葱丝，放入锅中煮熟。将煮熟的肚头切成薄片。

2. 青椒、红椒、胡萝卜分别洗净，切成丝。

3. 将青椒丝、红椒丝、胡萝卜丝、姜丝、葱丝放入沸水锅中焯水捞起。

4. 碗中放入酱油、蚝油、青椒丝、红椒丝、姜丝拌入味，放入肚片，撒上香菜段，拌匀即可。

白切猪肚 凉

石湾脆肚 热

原料 新鲜猪肚400克

调料 葱段、蒜末、干黄贡椒、猪油、茶油、米酒、盐各适量

做法

1. 干黄贡椒洗净，切碎段。

2. 猪肚用清水刮洗干净，凉凉后用干清洁布擦干，斜纹切成肚丝。

3. 干黄贡椒段、蒜末放入热油锅中，加入盐调味，煸炒出香味出锅。

4. 锅入油烧热，放入肚丝，加入盐、米酒爆炒，倒入干黄贡椒段、葱段、茶油，翻炒均匀，出锅装盘即可。

苦瓜炒肚丝 热

原料 苦瓜200克，净熟肚200克

调料 葱丝、蒜片、红椒丝、胡椒粉、植物油、香油、醋、料酒、盐各适量

做法

1. 苦瓜洗净，切两半，去瓤，顶刀切0.3厘米的丝。猪肚片成片，切细丝。

2. 料酒、醋、盐、胡椒粉、香油调成料汁。

3. 锅入油烧至五成热，放入肚丝、苦瓜丝过油，倒入漏勺中控油。原锅留底油烧热，放入葱丝、蒜片炝锅，放入肚丝、红椒丝、苦瓜丝翻炒一下，调入料汁，快速颠炒均匀，出锅装盘即可。

泡椒肚尖 〔热〕

原料 猪肚400克，西芹块、泡红辣椒块各50克，泡青椒块20克

调料 葱花、泡姜片、水淀粉、精炼油、香油、料酒、盐各适量

做法

1. 猪肚洗净，切菱形块。西芹块焯水。将盐、水淀粉、料酒调匀成芡汁。

2. 锅入油烧热，下入肚块爆成花，捞出沥干。锅中留油烧热，放入泡红辣椒块、泡青椒块、泡姜片炒香，放入肚花、西芹块炒一下，烹入芡汁，淋香油，起锅装盘，撒上葱花即可。

莴笋烧肚条 〔热〕

原料 猪肚200克，莴笋150克，青椒、红椒、毛豆粒各20克

调料 蒜丁、红油、料酒、盐各适量

做法

1. 莴笋去皮，切条，焯熟后摆盘。猪肚洗净，氽水捞出，切条。青椒、红椒分别洗净，切条。

2. 油锅烧热，放入毛豆粒、青椒条、红椒条、蒜丁炒香，放入猪肚条炒片刻，注入水烧开，继续烧至肚条熟透，待汤汁浓稠时，调入盐、料酒、红油拌匀，起锅置于莴笋条上即可。

松仁小肚 〔凉〕

原料 猪肚350克，肉丁、火腿、松仁、肉皮各50克

调料 葱末、姜末、胡椒粉、香油、料酒、盐各适量

做法

1. 猪肚洗净。

2. 火腿、肉皮切丁，连同肉丁、松仁加葱末、姜末、胡椒粉、香油、料酒、盐腌制，装入猪肚内，用牙签封住口。

3. 猪肚放入碗中，加入葱末、姜末、料酒、盐、胡椒粉、香油，入锅蒸熟，待凉透切成片即可。

潮汕煮猪肚 〔汤〕

原料 熟猪肚200克，酸咸菜100克，青菜椒、红菜椒各50克

调料 蒜瓣、高汤、白胡椒粉、盐各适量

做法

1. 熟猪肚切成片。酸咸菜洗净，切成片。青、红菜椒洗净，去籽，切成块。蒜瓣放入热油锅中炸至呈金黄色，捞出。

2. 锅中加入高汤烧开，放入猪肚片、酸咸菜片、蒜瓣、青椒块、红椒块烧开后煮3分钟，用盐、白胡椒粉调味，出锅即可。

肚条豆芽汤 汤

原料 猪肚1000克，黄豆芽150克

调料 葱、姜、胡椒粉、料酒、盐各适量

做法

1. 猪肚洗净，放入开水锅内汆熟，捞出控去水分。黄豆牙择洗干净。

2. 汆好的猪肚切成长条，放入砂锅内，加清水煮开，撇去浮沫，放入葱、姜、料酒移至小火上炖约1小时，放入择洗好的黄豆芽同炖至肚条软烂，加盐、胡椒粉调好口味，取出葱、姜，盛入汤碗内即可。

芸豆炖肚条 汤

原料 猪肚500克，芸豆100克

调料 姜片、胡椒粉、鲜汤、猪油、白糖、盐各适量

做法

1. 猪肚洗净，入沸水中汆过，放入高压锅中煮至半熟，捞出切成条状。芸豆洗净。

2. 锅入猪油烧热，下入姜片略煸，倒鲜汤，放肚条、芸豆，旺火烧开后改小火将肚条炖烂，放盐、白糖，装碗，撒胡椒粉即可。

长沙一罐香 汤

原料 猪肚300克，乌鸡200克，猪蹄1只，干党参、黄芪、当归、红枣、圆肉、枸杞各适量

调料 葱片、姜片、料酒、盐各适量

做法

1. 猪肚、乌鸡、猪蹄洗净，汆水冲去血污。

2. 将原料装入砂煲，加葱姜片、料酒、干党参、黄芪、当归、红枣、圆肉、枸杞，小火煲2小时至肉糯汤香时加盐调味即可。

鸡骨草猪肚汤 汤

原料 猪肚250克，鸡骨草100克，枸杞适量

调料 高汤、盐各适量

做法

1. 猪肚洗净，切条。鸡骨草、枸杞洗净，备用。

2. 净锅置火上烧热，倒入高汤，调入盐调味，下入猪肚条、鸡骨草、枸杞，煲至猪肚条熟，出锅装入碗中即可。

猪尾

猪尾也称皮打皮、节节香，由皮质和骨节组成，皮多胶质，适于烧、卤、酱、凉拌等烹调方法。

营养功效：猪尾具有补腰力、益骨髓的功效，可补阴益髓、改善腰酸背痛、预防骨质疏松。中老年人多食用猪尾可延缓骨质老化、早衰。猪尾富含胶质和蛋白质，有美容的功效。

选购技巧：挑选猪尾时，首先要看颜色，以接近肉色者为佳，过白、发黑及颜色不正的不要买；其次要闻气味，有新鲜肉味的为佳。

民间老坛子 凉

原料 猪尾、鸡爪、猪耳各250克，白萝卜、青柿子椒、红柿子椒各50克

调料 姜块、白酒、红糖、盐各适量

做法

1. 白萝卜洗净，切片。青、红柿子椒分别洗净，去蒂、籽，切块。

2. 鸡爪、猪耳、猪尾分别洗净，放入沸水中煮熟，捞出沥水。

3. 取一坛子，放入鸡爪、猪耳、猪尾、白萝卜片、青柿子椒块、红柿子椒块，加入盐、红糖、白酒、姜块、凉开水，密封腌2天即可。

黄豆炒猪尾 热

原料 猪尾350克，泡发黄豆、油菜各50克

调料 葱末、姜末、蒜末、黄豆酱、南乳、白糖、料包、植物油、料酒、生抽、老抽各适量

做法

1. 猪尾洗净，入沸水汆2分钟，捞出洗净，切段。

2. 锅入油烧热，放入葱末、姜末、蒜末爆香，放入猪尾段、黄豆，加入黄豆酱、南乳、料酒、老抽、生抽、白糖炒至上色，投料包，小火烧至熟烂，出锅装盘。油菜焯熟，围在盘边即可。

烧双尾 热

原料 熟猪尾段、黄鳝段各400克，蒜苗段100克

调料 葱段、姜块、色拉油、酱油、料酒、白糖各适量

做法

1. 黄鳝段汆水，洗净。

2. 油锅烧热，加入葱段、姜块略炸，加入熟猪尾段、黄鳝段、料酒、酱油、白糖，旺火烧沸，改小火焖透。再用旺火收稠汤汁，加入蒜苗段略烧即可。

Part 2

牛肉

牛肉味甘，黄牛肉性温，水牛肉性寒。牛肉含有丰富的蛋白质及人体必需的多种氨基酸、脂肪、钙、铁、多种维生素，营养价值较高，有补脾胃、益气血、强筋骨的功效。黄牛、牦牛肉性温，用于补气，与绵黄芪同功；水牛肉性寒，能安胎补血，特别适宜贫血、体虚、酥软无力、头晕目眩者食用。

牛颈肉

牛颈肉脂肪少，红肉多，带些筋，其硬度仅次于牛的小腿肉，为牛身上肉质第二硬的，适合做碎肉或是拿来炖、煮汤，做牛肉丸也不错。

营养功效：强筋健骨，提高免疫力，减肥健身。牛肉含有丰富的蛋白质，氨基酸组成等比猪肉更接近人体需要，能提高机体抗病能力，对生长发育及手术后、病后调养的人在补充失血和修复组织等方面特别适宜。

选购技巧：新鲜肉肌肉呈均匀的红色，有一定的光泽，可以清楚地看到脂肪呈洁白色或呈乳黄色。次鲜肉肌肉色泽稍转暗，牛肉的切面有少量的光泽，但是脂肪部分没有光泽。变质肉肌肉色泽呈暗红，肉的表面没有任何光泽，脂肪更是发暗直至呈绿色。

红汤牛肉 （汤）

原料 牛颈肉300克，胡萝卜、土豆、洋葱、卷心菜各50克

调料 姜片、香菜、月桂叶、香叶、番茄酱、胡椒粉、黄油、料酒、盐各适量

做法

1. 牛颈肉、胡萝卜、土豆、洋葱、卷心菜分别洗净，土豆、洋葱、胡萝卜、卷心菜切块。牛颈肉切块，放入沸水锅中稍煮。

2. 炒锅入黄油化开，放入洋葱块稍炒，加入土豆块、胡萝卜块、卷心菜块翻炒，加入胡椒粉、月桂叶、料酒、姜片、盐、香叶、番茄酱、牛肉块、煮牛肉的汤，烧开后倒入高压锅中炖煮30分钟，出锅撒香菜即可。

理气牛肉汤 （汤）

原料 牛颈肉300克

调料 香菜段、枸杞、小茴香、胡椒粉、盐各适量

做法

1. 牛颈肉洗净，切块。

2. 锅置旺火上，倒入清水烧热，调入盐、胡椒粉、小茴香、枸杞烧开，下入牛颈肉块炖至熟烂，撒入香菜段，出锅装碗即可。

提示 煮牛肉时，可用筷子试牛肉软硬来判断牛肉熟烂程度。

上肩肉

上肩肉油脂分布适中，但有点硬，肉也有一定厚度，所以能吃出牛肉特有的风味，可做涮牛肉或切成小方块拿来炖，适合炖、烤、焖或做咖喱牛肉。

营养功效：有补脾胃、益气血、强筋骨、消水肿等功效，适于中气下陷、气短体虚、筋骨酸软和贫血久病及面黄目眩之人食用。

选购技巧：新鲜牛肉没有任何的怪味，只有鲜牛肉的特有正常气味。次鲜肉仔细闻的话，会发现稍有氨味或酸味。变质的肉不用靠的很近，就可以闻到有腐臭味。

红烧牛肉 （热）

原料 上肩肉500克，白萝卜30克

调料 香菜末、花椒、八角、豆瓣酱、鲜汤、植物油、白糖、盐各适量

做法

1. 牛上肩肉、白萝卜洗净，切成块。花椒、八角用纱布包成香料包。

2. 净锅上火，放入植物油烧至六成热，放入豆瓣酱炒至油呈红色，加入适量鲜汤、牛肉块，放香料包、盐、白糖烧开，撇去浮沫，改用小火烧至将熟，将萝卜块下入锅中，放入盐，烧至汁浓肉烂，取出香料包，撒上香菜末即可。

川味牛肉石锅饭 （热）

原料 上肩肉150克，米饭200克，小番茄、芥蓝菜各50克

调料 蒜片、豆瓣腐乳、沙茶酱、水淀粉、植物油、香油、酱油、料酒、盐各适量

做法

1. 上肩肉洗净，切片，加入盐、料酒、酱油、水淀粉腌渍入味。小番茄洗净，切片。

2. 锅入油烧热，下入蒜片、沙茶酱爆香，转旺火，倒入腌牛肉片，待肉片变色后再翻炒几下，放入芥蓝菜同牛肉快炒，加盐，下芡汁，淋香油起锅。

3. 在石锅内的米饭上淋上芥蓝菜、牛肉片，撒几片小番茄，上面放豆瓣腐乳即可。

牛脊背的前半段

牛脊背的前半段肉筋少，肉质极为纤细，是口感最嫩的牛肉之一，是上等的牛排肉及烧烤肉，适合拿来做烧烤、牛肉卷、牛排等。牛肉的肌肉纤维较粗糙，不易消化，胆固醇和脂肪含量高，故老人、幼儿及消化力弱的人不宜多吃。

营养功效： 牛脊背肉含有丰富的蛋白质，氨基酸组成等比猪肉更接近人体需要，能提高机体抗病能力，对生长发育及手术后、病后调养的人在补充失血和修复组织等方面特别适宜。寒冬食牛肉，有暖胃作用，为寒冬补益佳品。

选购技巧： 新鲜肉的表面微干或有风干膜，用手轻轻按一按，触摸时不粘手。次鲜肉的表面干燥或粘手，新的切面会相对湿润。

湘卤手撕牛肉 （凉）

原料 牛脊背肉300克

调料 葱段、姜片、香菜段、芝麻、八角、桂皮、花椒油、辣椒油、花椒油、料酒、盐各适量

做法

1. 牛脊背肉洗净，切小块，放在锅中氽水捞出。

2. 另起锅，放入牛脊背肉块，下入八角、花椒、桂皮、姜片、葱段、料酒旺火煮开，改小火煮至肉烂，捞出凉凉，用手撕成细长条，装碗。

3. 在手撕牛脊背肉条中放入香菜段、香葱段，用花椒油、辣椒油、盐拌匀，装盘撒芝麻即可。

小炒黄牛肉 （热）

原料 牛脊背肉200克，小米辣椒、芹菜各50克，鸡蛋清1个

调料 蒜末、泡椒水、水淀粉、嫩肉粉、植物油、香油、酱油、盐各适量

做法

1. 牛脊背肉去筋膜，切厚片，加入嫩肉粉、酱油、盐、鸡蛋清、水淀粉码味上浆。

2. 小米辣椒、芹菜分别洗净，切成粒状。

3. 锅入油烧热，下入牛脊背肉炒至八成熟，出锅装入碗中待用。

4. 锅入底油烧热，下入蒜末、小米辣椒粒、芹菜粒炒香，倒入泡椒水，放入牛脊背肉，加入盐炒匀，淋香油，出锅装盘即可。

上腰肉 上里脊肉

位于牛脊背的后半段，即上里脊肉，又叫上腰肉。此处肉质柔细，肉形良好，既能切成大块，做牛排，也可切薄片做涮牛肉。

营养功效： 味甘，性平，具有补脾胃、益气血、强筋骨、消水肿等功效。老年人将牛肉与仙人掌同食，可起到抗癌止痛、提高机体免疫功能的效果；牛肉加红枣炖服，则可助肌肉生长和促伤口愈合。

选购技巧： 新鲜牛肉用手按时，牛肉的凹陷能立即恢复。次鲜肉用手按时，指压后的凹陷恢复较慢，牛肉是不能完全恢复的。变质肉牛肉用手指压后的凹陷不能恢复，凹陷的迹象明显。

肥牛豆腐 （热）

原料 牛上腰肉300克，豆腐200克

调料 葱段、姜末、蒜末、豆瓣、植物油、料酒、盐各适量

做法

1. 牛上腰肉洗净，切成粒。

2. 豆腐放入蒸锅中蒸热，铺于盘底。

3. 锅入油烧热，放入牛上腰肉粒爆炒，加入豆瓣、姜末、蒜末，烹入料酒，加入盐、葱段调味，待肉粒炒熟时，出锅浇在豆腐上即可。

辣蒸萝卜牛肉丝 （热）

原料 牛上腰肉350克，白萝卜150克

调料 葱段、姜末、蒜末、米粉、胡椒粉、辣椒粉、茶油、老抽、生抽、黄酒、白糖、盐各适量

做法

1. 牛上腰肉洗净，切成丝。白萝卜洗净，切成粗丝，用盐腌片刻，挤水。肉丝用盐、老抽、生抽、白糖、黄酒、胡椒粉、茶油腌制20分钟。

2. 将姜末、蒜末和腌好的肉丝、白萝卜丝拌在一起，倒入米粉、辣椒粉拌匀。

3. 蒸锅烧开铺上屉布，把肉丝、萝卜丝顺蒸锅内壁围一圈，盖上屉布，旺火蒸30分钟，蒸好后倒进碗里，撒上葱段即可。

里脊肉

里脊肉是牛肉中肉质最柔软的部分，而且几乎没有油脂，即低脂高蛋白，适合炒、炸、涮、烤。

营养功效： 牛里脊肉有补中益气、滋养脾胃、强健筋骨、化痰息风、止渴止涎之功效，适于中气下隐、气短体虚、筋骨酸软、贫血久病及面黄目眩之人食用。牛里脊肉能安胎补神、补中益气、健脾养胃、强筋壮骨。

选购技巧： 新鲜牛肉有光泽，红色均匀稍暗，脂肪为洁白色或淡黄色，外表微干或有风干膜，不粘手，弹性好，有鲜肉味。老牛肉色深红，质粗；嫩牛肉色浅红，质坚而细，富有弹性。

风干牛肉丝 （凉）

原料 牛里脊肉250克

调料 葱末、姜末、干陈皮片、干辣椒节、花椒、醪糟汁、鲜汤、糖色、精炼油、香油、料酒、白糖、盐各适量

做法

1. 干陈皮片洗净，用热水泡软。牛里脊肉洗净，切片，加入盐、料酒、葱末、姜末，加冷油拌匀。

2. 锅入精炼油烧热，放入肉片炸至呈浅褐色，捞出。原油锅烧热，放入肉片复炸至稍干捞出。

3. 另起油锅烧热，放入干辣椒节、花椒、陈皮片炒香，加入鲜汤、肉片、白糖、糖色、盐、醪糟汁收至汤干，加入香油收至汁干，起锅凉凉，肉片撕成丝即可。

泡椒牛肉丝 （热）

原料 牛里脊肉300克，泡椒、芹菜各60克

调料 姜丝、水淀粉、植物油、酱油、盐各适量

做法

1. 牛里脊肉洗净，切成粗丝，调味上浆。泡椒洗净，切丝。芹菜洗净，切丝。

2. 牛里脊肉下入热油锅中滑油，捞出。

3. 锅入油烧热，放入姜丝、盐、酱油、泡椒丝炒香，放入芹菜丝翻炒，下入牛里脊肉丝炒熟，出锅装盘即可。

提示 第一次滑炒牛肉不要过久，变色即可盛出，因为还要回锅调味。

原料 净牛里脊肉350克，芹菜100克

调料 姜丝、豆瓣、花椒粉、花生油、绍酒、白糖、盐各适量

做法

1. 牛里脊肉洗净，切成细丝。芹菜择洗干净，去净叶，切长段。

2. 锅入油烧热，下入牛里脊肉丝炒散，放入盐、绍酒、姜丝继续煸炒，待牛里脊肉水分将干、呈现深红色时，下入豆瓣炒散，待肉丝煸酥时，将芹菜段、盐、白糖放入锅中，炒熟，倒入盘中，撒花椒粉即可。

干煸牛肉丝　热

干烧牛肉丝　热

葱煸牛肉　热

原料 牛里脊肉250克，芹菜100克

调料 姜丝、川椒、芝麻、豆瓣酱、花椒粉、植物油、香油、酱油、白糖、盐各适量

做法

1. 牛里脊肉洗净，放入沸水中略煮，除去血污，取出沥尽水分，切成细丝。

2. 芹菜去老筋，洗净，切段。

3. 锅入植物油烧热，下入牛肉丝干煸至水分收干，加入川椒、芹菜段、姜丝、豆瓣酱、酱油、香油、盐、白糖、芝麻、花椒粉煸炒入味，出锅装盘即可。

原料 牛里脊肉400克

调料 葱段、姜末、蒜末、香菜段、植物油、香油、酱油、料酒、白糖、盐各适量

做法

1. 牛里脊肉去筋洗净，切成薄片，放入碗中，加入酱油、盐、白糖、姜末、蒜末、料酒、香油拌匀浆好。

2. 锅入植物油烧热，放入浆好的肉片，煸炒至肉片发白，放入葱段，继续炒至肉片、葱稍干，加入香菜段，再煸炒几下，淋入香油，出锅装盘即可。

鲜果炒双丁 （热）

原料 牛里脊肉、鸡胸肉各150克，小金瓜、山药、苹果、甜豆、小番茄各20克，鸡蛋1个

调料 葱末、姜末、蚝油、水淀粉、鸡粉、团粉、植物油、生抽、料酒、白糖、盐各适量

做法

1. 牛里脊肉、鸡胸肉分别洗净，切成丁，放入小盆中，分别用蛋清、团粉、水、盐拌匀浆好。甜豆撕去筋切段。其余原料洗净，切成丁。

2. 锅入油烧热，放入牛里脊肉丁、鸡丁拨散，滑油至熟，放入小金瓜丁、山药丁、甜豆过油。

3. 锅留底油烧热，放入葱末、姜末炝锅，放入所有原料，下入料酒、盐、鸡粉、白糖、生抽、蚝油翻炒几下，用水淀粉勾芡炒匀，装盘即可。

麻辣牛肉丝 （热）

原料 鲜牛里脊肉2500克

调料 葱段、姜末、熟芝麻、辣椒粉、花椒面、清汤、植物油、香油、红油、酱油、料酒、白糖、盐各适量

做法

1. 牛里脊肉去筋洗净，切成长块，放入清水锅中烧开，打净浮沫，加入花椒面、姜末、葱段，微火煮至断生捞出，凉凉后切粗丝。

2. 锅入油烧热，放入牛里脊肉丝炸干，捞出。

3. 锅留余油烧热，下入辣椒粉、姜末炒香，加入清汤，放入牛里脊肉丝、盐、酱油、白糖、料酒烧开，改用微火，待汤汁收浓时，加红油、香油调匀，起锅装入盘中，撒上花椒面、熟芝麻即可。

金菇爆肥牛 （热）

原料 牛里脊肉350克，金针菇100克，青红椒丝50克

调料 姜丝、植物油、黄油、料酒、盐各适量

做法

1. 金针菇洗净，切去根部，放入沸水中焯烫一下，捞出。

2. 牛里脊肉洗净，放入沸水锅中汆烫一下，捞出，切成片。

3. 锅入植物油、黄油烧热，下入姜丝炒香，再放入金针菇、牛里脊肉片，烹入料酒，放入青红椒丝炒匀，加入盐调味，旺火炒匀，出锅装盘即可。

原料 牛里脊肉750克，鸡蛋1个

调料 葱末、姜末、花椒、八角、桂皮、丁香、玉米淀粉、花生油、料酒、盐各适量

做法

1. 牛里脊肉洗净，加入料酒、花椒、盐拌匀腌入味。

2. 牛里脊肉放入容器中，加入葱末、姜末、花椒、桂皮、八角、丁香，上笼屉蒸2～3小时至酥烂，取出凉凉。

3. 鸡蛋磕入碗中，加入玉米淀粉调成全蛋糊，抹在蒸制好的牛里脊肉两面。

4. 锅入花生油烧热，下牛里脊肉炸至呈金黄色，捞出控净油，改刀成条形，码入盘中即可。

锅烧牛肉 （热）

酥炸牛肉 （热）

原料 牛里脊肉500克，蛋清3个

调料 葱段、姜块、花椒盐、香料包（丁香、小茴香、豆蔻、桂皮、八角）、面粉、淀粉、色拉油、酱油、料酒、盐各适量

做法

1. 牛里脊肉洗净，切厚块，余水洗净，放入锅中，加入葱段、姜块、酱油、料酒、香料包、盐，加入水，旺火烧开，撇去浮沫，微火炖熟捞出，用干布揩净汤水，撒上少许面粉待用。

2. 蛋清放入碗中，用筷子搅打至起白泡呈糊状，再放入淀粉、盐搅匀。锅入色拉油烧热，将沾好面粉的牛肉块再裹上蛋清糊，放入锅中炸至呈微黄色捞出装盘。食用时蘸花椒盐即可。

芝麻牛排 （热）

原料 牛里脊肉500克，鸡蛋1个

调料 芝麻、面粉、花生油、盐各适量

做法

1. 牛里脊肉洗净，切成长片，用刀拍一下，每片相隔一定距离剁一刀，放入汤碗中，加入盐拌匀。

2. 鸡蛋磕入碗中搅匀，将牛肉排裹上面粉，挂上蛋糊，再蘸满芝麻，将两面芝麻压一压。

3. 锅置火上，放入花生油烧至六成热，将牛里脊肉排逐片下锅，炸至两面呈金黄色捞出，沥油，插在有装饰的盘中即可。

清蒸牛肉条 热

原料 牛里脊肉150克

调料 葱花、姜块、清汤、香油、酱油、料酒、盐各适量

做法

1. 牛肉洗净，放入开水锅中煮至八成熟，捞出，切成长片，码入盘中。

2. 将酱油、料酒、盐、姜块、葱花、清汤放在肉条上，再倒入煮牛肉的原汤，放入蒸锅蒸30分钟，取出，挑出姜块，扣入汤盘中，淋入香油，撒上葱花即可。

榨菜蒸牛肉 热

原料 牛里脊肉300克，榨菜100克

调料 胡椒粉、淀粉、植物油、酱油、红糖、白糖各适量

做法

1. 牛里脊肉、榨菜分别洗净，切片。

2. 牛肉片加入酱油、红糖、淀粉、植物油、胡椒粉、凉开水拌匀，腌约10分钟。

3. 榨菜片用少许白糖拌匀，铺入盘中，上面放牛肉片，蒸约15分钟，至牛肉熟透即可。

西湖牛肉羹 汤

原料 牛里脊肉100克，冬笋、午餐肉各20克，鸡蛋清10克，香菜末、胡萝卜末各适量

调料 胡椒粉、水淀粉、鲜汤、香油、料酒、盐各适量

做法

1. 牛里脊肉去筋膜，洗净血水，切成米粒状。冬笋洗净，和午餐肉分别切成米粒状，入沸水锅中焯至冬笋断生，捞起控干。

2. 炒锅置旺火上，加入鲜汤，下入牛里脊肉粒、冬笋粒、午餐肉粒，烧沸后撇净浮沫，加入盐、胡椒粉、料酒调味，慢慢淋入鸡蛋清，用水淀粉勾薄芡，撒上香菜末、胡萝卜末，淋香油，起锅盛入汤碗中即可。

后臀尖

后臀尖即牛屁股上的红肉，肉质柔软，口感佳，适合各式各样的烹煮法。既可做牛排，也可烧烤，还可以做生牛肉片，生吃。

营养功效： 有补中益气、滋养脾胃、强健筋骨、化痰息风、止渴止涎的功能，适于中气下陷、气短体虚、筋骨酸软和贫血久病及面黄目眩之人食用。

选购技巧： 新鲜肉表面有光泽，红色均匀，脂肪呈洁白或淡黄色；变质肉色暗红，无光泽，脂肪呈黄绿色。新鲜肉具有鲜肉味儿；变质肉有异味甚至臭味。呈紫红色或深红色的是老牛肉，肉质较粗；嫩牛肉肉色浅红，肉质坚而细，富有弹性。

芝麻干煸牛肉丝 （热）

原料 牛后臀尖肉250克，芹菜100克

调料 姜丝、辣椒丝、芝麻、胡椒粉、淀粉、植物油、香油、酱油、白糖、盐各适量

做法

1. 芹菜去老筋、洗净，切丝。牛后臀尖肉洗净，切丝。

2. 牛肉丝拍上淀粉，放入热油锅中炸至呈金黄色，捞出控油。

3. 锅中留油烧热，加入芹菜丝、姜丝、白糖、酱油、香油、盐、芝麻、胡椒粉炒香，放入牛肉丝、辣椒丝炒匀，出锅盛盘即可。

果味牛肉片 （热）

原料 牛后臀尖肉300克，罐头山楂20克，橘子1个，菠萝50克

调料 橙汁、蛋清、淀粉、白糖、盐各适量

做法

1. 牛后臀尖肉洗净，切片，加入盐、淀粉、蛋清上浆。菠萝去皮洗净，切片。橘子撕瓣。

2. 锅入油烧热，下入牛肉片滑熟，捞出控油。

3. 另起锅入油烧热，放入橙汁、白糖熬至浓稠，放入牛肉片、橘子、菠萝片、罐头山楂，翻炒均匀即可。

干煎牛排 热

原料 牛后臀尖肉300克，洋葱、胡萝卜各50克，鸡蛋2个，面粉适量

调料 橙汁、水淀粉、胡椒粉、色拉油、白醋、绍酒、白糖、盐各适量

做法

1. 牛后臀尖肉洗净，切厚片，用刀背拍松，加入盐略腌。洋葱洗净，切片。胡萝卜洗净，切丁。

2. 锅中加入色拉油烧至六成热，下入牛后臀尖肉片，煎至两面熟透，捞出，盛入盘中。

3. 另起锅入油烧热，下入洋葱片、胡萝卜丁炒匀，烹入白醋，加入白糖、橙汁、盐、胡椒粉、绍酒、清水烧沸，用水淀粉勾薄芡，浇在牛排上即可。

灯影牛肉 热

原料 牛后臀尖肉500克

调料 芝麻、花椒粉、辣椒粉、五香粉、植物油、香油、料酒、白糖、盐各适量

做法

1. 牛后臀尖肉洗净，切大薄片，铺平理直，均匀撒上盐，裹成圆筒形。

2. 牛后臀尖肉片放入烘炉中，平铺在钢丝架上，木炭火烘干。上笼蒸30分钟，切小片，再蒸1.5小时，盛出。

3. 姜片入油锅中炸香，捞出，待油温降，放入牛后臀尖肉片炸透，留余油，烹入料酒，加入辣椒粉、花椒粉、白糖、芝麻、五香粉翻匀，起锅凉凉，淋香油即可。

陈皮黄牛肉 热

原料 黄牛后臀尖肉500克

调料 干红辣椒、干陈皮、花椒、高汤、花生油、酱油、料酒、白糖、盐各适量

做法

1. 牛后臀尖肉洗净，斜切成5厘米见方的薄片。陈皮洗净。红辣椒洗净，切成段。

2. 锅中加入花生油烧热，下入牛后臀尖肉片炸至呈深红色捞出。

3. 锅留余油烧热，下入花椒稍炒，待出香味，烹入料酒、酱油，加入高汤，放入炸好的牛后臀尖肉片，再放入白糖、盐，烧开锅后，用微火烧透改旺火，收至汁浓时，出锅即可。

下肩肉脂少肉红，肉质硬，肉味甘甜，胶质含量高，适合煮汤。

营养功效：牛肩肉含有优质蛋白，氨基酸种类齐全，肌氨酸比任何食物都高。牛肩肉的脂肪含量很低，是亚油酸的主要来源，还是潜在的抗氧化剂。牛肩肉含矿物质、维生素B_3、维生素B_1和维生素B_2等，是铁质的最佳来源。常食牛肩肉还能增长肌肉。

选购技巧：新鲜肉外表微干或有风干膜，不粘手，肉质与脂肪坚实，不松弛，用尖刀插进肉内拔出时感到有弹性，刀口紧缩。变质肉的外表黏手或干燥，切面发黏，指压后有明显压痕，不能马上恢复。

三湘泡焖牛肉 （热）

原料 牛下肩肉400克，泡菜丁、泡姜丁、泡辣椒丁各30克，鸡蛋1个

调料 葱段、姜段、蒜末、野山椒汁、牛肉酱、胡椒粉、嫩肉粉、鲜汤、水淀粉、植物油、酱油、料酒、红油、香油、白糖、盐各适量

做法

1. 牛下肩肉洗净，切成片，用葱段、姜段、料酒腌入味，加入盐、蛋清、水淀粉、嫩肉粉、酱油、野山椒汁抓匀上浆，放入油锅中滑熟，捞出。

2. 锅留底油烧热，下入蒜末、泡菜丁、泡姜丁、泡辣椒丁煸炒，加入盐、白糖、牛肉酱、酱油炒匀，加入鲜汤烧开，放入牛肉片，小火煨至汤汁浓稠，淋红油、香油，撒上葱段、胡椒粉即可。

水煮牛肉 （汤）

原料 牛下肩肉400克，芹菜、蒜苗、豌豆尖各50克

调料 葱花、姜末、蒜末、花椒面、豆瓣、辣椒粉、水淀粉、高汤、植物油、酱油、料酒、盐各适量

做法

1. 芹菜、蒜苗分别洗净，切成段。豌豆尖洗净。牛下肩肉洗净，切片，用盐、料酒、酱油、水淀粉腌入味。

2. 锅入油烧热，放入豆瓣、豌豆尖、芹菜段、蒜苗段、姜末炒香，倒入高汤烧沸，待芹菜段断生捞起，放入碗中。锅中加入牛肉片煮熟，勾芡收汁，倒入碗中，撒上花椒面、辣椒粉、葱花、蒜末、姜末调匀，出锅即可。

前胸肉

前胸肉虽细，但既厚又硬，可拿来做烧烤。前胸肉肉质细，可以用生肉粉腌制一下，然后用牛油纸低温烤制。前胸肉用来烤制味道比别的做法味道更好。如果要煮熟吃的话，放一个山楂、一块橘皮或一点茶叶，牛肉易烂，用啤酒来炖煮，可使肉质变得柔嫩，同时啤酒花的苦味也可消除肉类的腥味。

营养功效： 有补精血、温经脉的作用，蛋白质含量大，可安中益气、健脾养胃、强筋壮骨。

选购技巧： 新鲜前胸肉肌肉呈均匀的红色，有一定的光泽，可以清楚看到洁白或呈乳黄色的脂肪。

菊香牛肉 （凉）

原料 牛胸肉、泡菜水各500克，青尖椒、红尖椒各50克

调料 白卤、盐适量

做法

1. 牛胸肉洗净，放入白卤中用小火卤至牛肉熟透，捞出。青尖椒、红尖椒分别洗净，切成碎，用泡菜水，加入盐调味。

2. 卤好的牛肉切片装入盘中，淋上泡好的青尖椒碎、红尖椒碎即可。

提示 牛肉先码味腌渍再卤，味道会更佳。

江米蒸牛胸 （热）

原料 牛胸肉300克，江米100克

调料 香料包、干淀粉、胡椒粉、花椒油、生抽、盐各适量

做法

1. 牛胸肉洗净，放入清水锅中，加入香料包、盐、生抽煮至八成熟取出，切成厚片。

2. 江米洗净，用温水泡2~3小时，捞出控干水分，加入盐、胡椒粉、花椒油拌匀。

3. 牛胸肉均匀地裹上干淀粉、江米，放入蒸锅中，旺火蒸45分钟，出锅装盘即可。

牛腩的肉质较厚硬，油脂含量多，煎、炒、烧、烤、炖皆宜。

营养功效： 牛腩可提供高质量的蛋白质，含有全部种类的氨基酸，各种氨基酸的比例与人体蛋白质中各种氨基酸的比例基本一致，其中所含的肌氨酸比任何食物都高，有抗氧化性，可延缓衰老。

选购技巧： 新鲜的牛腩层次清晰略带雪花，有光泽，红色均匀，脂肪洁白或呈淡黄色。变质肉的肌肉色暗，无光泽，脂肪呈黄绿色。

皮蛋牛肉粒 （热）

原料 牛腩400克，皮蛋1个，青椒、红椒、洋葱各30克，熟花生米50克

调料 豆豉、植物油、酱油、盐各适量

做法

1. 皮蛋洗净去壳，切成小粒。青椒、红椒、洋葱牛腩分别洗净，切成小丁。

2. 油锅烧热，下入青椒丁、红椒丁炒香，放入皮蛋粒、牛腩丁、洋葱丁、熟花生米炒香，再放入盐、酱油、豆豉调味，待牛肉丁熟透时，出锅装盘即可。

扒牛肉条 （热）

原料 熟牛腩500克

调料 葱花、姜末、蒜片、水淀粉、植物油、花椒油、酱油、料酒、白糖、盐各适量

做法

1. 熟牛腩洗净，切成长条，下入沸水中氽透，捞出沥干，备用。

2. 锅入油烧热，下入葱花、姜末、蒜片爆香，烹入料酒，加入酱油、白糖、盐调匀，加入氽牛肉的汤烧开，下入牛肉条，移小火扒至牛肉条酥烂，待汤汁稠浓时，转旺火，用水淀粉勾芡，淋入花椒油炒匀，出锅装入盘中，撒上葱花即可。

蒜烧牛腩 热

原料 牛腩300克，洋葱100克，枸杞10克

调料 蒜瓣、胡椒粉、水淀粉、植物油、酱油、料酒、白糖、盐各适量

做法

1. 牛腩洗净，切成1厘米见方的丁，加入盐、水淀粉腌拌上浆。洋葱去皮洗净，切丁。
2. 炒锅入油烧热，下入牛腩丁旺火煸至八成熟，捞出沥干。
3. 锅留底油烧热，下入蒜瓣小火炸透，放入洋葱丁、牛腩丁爆炒片刻，烹入料酒，加入盐、酱油、白糖、枸杞、胡椒粉翻炒均匀，用水淀粉勾芡，待牛腩丁熟透时，出锅装盘即可。

煎豆腐烧牛腩 热

原料 牛腩300克，豆腐200克

调料 姜片、蒜片、八角、豆豉、香菜段、辣酱、色拉油、酱油、料酒、盐各适量

做法

1. 牛腩洗净，切成小方块，放入沸水余透，捞出控干。豆腐洗净，切块。
2. 锅入油烧热，下入八角、姜片、辣酱炒香，倒入牛腩块、料酒、适量水，加入盐调味，旺火烧开，移入高压锅烧15分钟，撇去杂质待用。
3. 另起锅入油烧热，下入豆腐块煎至两面呈金黄色，捞出。锅留底油烧热，下入姜片、豆豉炒香，倒入牛腩块、豆腐块、蒜片炒匀，加入盐、酱油调味，出锅前撒上香菜段即可。

竹笋烧牛腩 热

原料 牛腩400克，竹笋200克

调料 葱花、姜片、豆瓣辣酱、高汤、水淀粉、花生油、料酒、白糖、盐各适量

做法

1. 牛腩洗净，切成块。竹笋洗净，切段。
2. 锅入花生油烧热，下入牛腩块小火煸炒至水分收干，放入豆瓣辣酱、料酒、姜片、葱花炒香，加入高汤旺火烧沸，撇去浮沫，改用小火煨20分钟，放入竹笋段，再煮10分钟，加入白糖、盐，用水淀粉勾芡，出锅装盘即可。

原料 牛腩500克，青菜50克

调料 葱末、姜末、香菜段、花生油、甜面酱、豆瓣酱、料酒、酱油、白糖、干淀粉、五香米粉、胡椒粉各适量

做法

1. 牛腩去筋洗净，切片。青菜择洗干净，切长条块。牛腩加入葱末、姜末，放入甜面酱、豆瓣酱、酱油、料酒、白糖、干淀粉、五香米粉搅拌均匀，再加入花生油拌匀。

2. 将青菜段铺在蒸屉底部，把裹匀米粉的肉片铺在青菜上，放入蒸锅蒸1个小时，待牛腩熟透，出锅装入盘中。锅入花生油烧热，放入葱末略炒，淋在肉片上面，撒上胡椒粉、香菜段即可。

小笼粉蒸牛肉 （热）

银干花腩蒸莲藕 （热）

原料 牛五花腩300克，莲藕150克，干银鱼100克

调料 葱花、姜丝、水淀粉、香油、白糖、盐各适量

做法

1. 莲藕去皮洗净，切片，用清水浸泡。五花腩洗净，切片。

2. 干银鱼用温水泡透，备用。

3. 将莲藕片、银鱼、牛腩肉片摆入盘中，加入盐、白糖、水淀粉拌匀，放入蒸锅中蒸20分钟，待熟透出锅，撒上姜丝、葱花，淋上香油，装盘即可。

渔家蒸花腩 （热）

原料 鲜鱿鱼200克，牛五花腩200克，红椒丝、虾米蓉、咸鱼各20克，紫苏10克

调料 葱花、姜末、花生碎、猪油渣、豉油、胡椒粉、花生油、白糖、盐各适量

做法

1. 咸鱼切粒。鲜鱿洗净，切条。

2. 锅入油烧热，放入姜末爆香，加入咸鱼粒、花生碎、虾米蓉、猪油渣、紫苏炒匀，取出备用。

3. 牛五花腩洗净，切片，用盐、白糖、胡椒粉、豉油、红椒丝、炒香的咸鱼粒一起拌匀，放入蒸炉蒸10分钟至熟，撒上葱花即可。

红酒炖牛腩 汤

原料 牛腩400克，西芹100克，胡萝卜20克

调料 姜片、色拉油、红酒、盐各适量

做法

1. 牛腩洗净，切块，放入沸水中汆水，捞出。西芹、胡萝卜分别洗净，切菱形块。

2. 锅入色拉油烧热，放入姜片、牛腩块略炒，加入适量水，用旺火烧开，改用小火炖至牛肉块熟烂，放入红酒、西芹块、胡萝卜块，加入盐调味，稍炖，待胡萝卜熟透时，出锅即可。

提示 红酒不宜过早放入，应在牛肉炖至八九成熟时放入，味道会更好。

土豆炖牛肉 汤

原料 牛腩500克，土豆250克

调料 葱段、姜片、花椒、八角、清汤、植物油、料酒、盐各适量

做法

1. 牛腩洗净，切成块，入沸水烫一下，捞出。

2. 土豆去皮洗净，切成小块，用清水浸泡片刻。

3. 锅入油烧热，放入牛肉块炒去表面的水分，加入清汤、料酒、姜片、葱段、花椒、八角、盐，用旺火烧开，撇去浮沫，转用小火烧至八成烂，放入土豆块，烧至土豆酥烂时，盛入汤碗中即可。

油豆腐粉丝牛腩汤 汤

原料 牛腩500克，油豆腐150克，粉丝1把

调料 葱末、姜末、花椒、香叶、香菜末、蒜苗末、胡椒粉、盐各适量

做法

1. 牛腩洗净，放入沸水锅中汆烫去血水，取出备用。油豆腐对半切开。粉丝用开水泡软。

2. 将汆烫过的牛腩、姜末、葱末、花椒、香叶放入清水锅中，炖煮约1小时。

3. 另起锅放入牛腩、牛腩原汤，加入油豆腐、粉丝煮开，加入盐、胡椒粉调味，起锅时撒上香菜末、蒜苗末即可。

头刀后腿肉

头刀后腿肉脂肪少，肉粗糙，但容易吸收香辛料的味道，适合经调味烹煮后做成冷盘。

营养功效：有补中益气、滋养脾胃、强健筋骨、化痰息风、止渴止涎的功能，适于中气下陷、气短体虚、筋骨酸软和贫血久病及面黄目眩之人食用。

选购技巧：新鲜头刀后腿肉没有任何的怪味，只具有鲜牛肉的特有正常气味，肉的表面微干或有风干膜，新鲜牛肉用手轻轻地按一按，触摸时不粘手，用手按一按牛肉，牛肉的凹陷能立即恢复，而变质肉用手指压后的凹陷不能恢复，凹陷的迹象明显。

果仁拌牛肉 （凉）

原料 熟头刀后腿肉500克，酥花生米50克

调料 花椒粉、辣椒粉、辣椒油、盐各适量

做法

1. 熟头刀后腿肉切成片，装入盘中。

2. 将盐、辣椒粉、花椒粉调匀，淋入辣椒油，浇在牛肉片上，拌匀，撒上酥花生米，出锅装盘即可。

卤牛肉 （凉）

原料 鲜牛头刀后腿肉500克

调料 姜末、辣椒末、花椒末、红卤水、料酒、盐各适量

做法

1. 头刀后腿肉洗净，加入盐、料酒、姜末码味，腌渍一天。

2. 锅中放入清水烧开，放入牛后腿肉氽水，捞出洗净。

3. 将氽水后的牛后腿肉放入红卤水中烧沸，用小火焖卤至牛肉熟软，捞出凉凉，切片装盘，撒上辣椒末、花椒末即可。

五香牛肉 凉

原料 牛头刀后腿肉500克

调料 葱末、姜末、花椒、八角、桂皮、肉蔻、茴香、酱油、料酒、白糖、盐各适量

做法

1. 牛头刀后腿肉洗净，切成大块，汆净血渍，捞出，挤去血水。

2. 用纱布袋把花椒、八角、桂皮、肉蔻、茴香装成料包。

3. 净锅中加入适量清水，放入料包，加入葱末、姜末、料酒、白糖、盐、酱油，烧沸后放入牛后腿肉块焖烧至牛肉熟烂，捞出，凉透后切片，装盘即可。

脆皮酱牛肉 热

原料 牛头刀后腿肉500克，鸡蛋2个

调料 面粉、胡椒面、花椒粉、植物油、盐各适量

做法

1. 牛头刀后腿肉洗净，切成厚片。

2. 面粉中加入鸡蛋、清水调成稀蛋糊，放入牛后腿肉片裹匀，放入七成热的油锅中炸至呈金黄色，待外皮酥脆时，捞起沥油，摆入盘中。

3. 将盐、胡椒面、花椒粉调匀。将调制成的椒盐，撒在炸好的肉片上即可。

口口香牛肉 热

原料 牛头刀后腿肉300克，洋葱条50克，青尖椒条、红尖椒条各20克，熟黑、白芝麻各5克

调料 葱片、姜片、蒜片、水淀粉、食用油、生抽、白糖、盐各适量

做法

1. 牛头刀后腿肉洗净，切片，加入生抽、盐、水淀粉搅拌均匀，放入六成热的油锅中滑熟，捞出控干油分。

2. 锅留余油烧热，放入葱片、姜片、蒜片、青红椒条、洋葱条爆香，放入牛肉片，加入生抽、白糖、盐炒匀，撒上熟黑芝麻、白芝麻即可。

后腿肉之和尚头部分脂肪少，肉柔软，可切薄片烹煮。

营养功效：富含蛋白质、脂肪、维生素B_1、维生素B_2、磷、钙、铁等，所含人体必需的氨基酸较多，如色氨酸、赖氨酸、苏氨酸、亮氨酸、缬氨酸等。具有补中益气、滋养脾胃、强健筋骨、化痰息风、止渴止涎的功能，适于中气下陷、气短体虚、筋骨酸软和贫血久病及面黄目眩之人食用。

选购技巧：看肉皮有无红点，无红点是好肉，有红点者是坏肉；看肌肉，新鲜的肉色有光泽、红色均匀，较次的肉色稍暗；看脂肪，新鲜肉的脂肪洁白或呈淡黄色，次品肉的脂肪缺乏光泽。

麻辣牛肉干 （热）

原料 牛和尚头肉2000克，干红辣椒20克

调料 葱段、姜末、花椒粉、胡椒粉、辣椒粉、孜然粉、淀粉、色拉油、酱油、白酒、白糖、盐各适量

做法

1. 和尚头肉洗净，切片，放入容器中，放入盐、孜然粉、花椒粉、胡椒粉、白糖、辣椒粉、姜末、酱油、白酒，搅拌至味道充分渗透入肉片中，搁置30分钟，裹匀淀粉。干红辣椒切段。

2. 油锅烧热，放入和尚头肉片炸至水分收干，捞出沥油。原锅留油烧热，下入干红辣椒段爆香，放入葱段、牛肉片炒匀，出锅即可。

软煎牛肉 （热）

原料 牛和尚头肉300克，鸡蛋1个，菜心、红辣椒各适量

调料 面粉、五香粉、料酒、酱油、色拉油、盐各适量

做法

1. 和尚头肉洗净，切成长片，用刀把肉拍成薄片，加入盐、酱油、五香粉、料酒、色拉油腌渍入味，备用。

2. 鸡蛋打入碗中，加入面粉搅成蛋糊。

3. 锅入油烧热，将牛肉片裹匀蛋糊，逐片下入锅中煎至熟透，捞出装入盘中，装饰菜心、红辣椒即可。

后腿肉之
银边三叉

牛后腿肉之银边三叉肉，脂肪少，为牛肉里肉质最粗糙的部分，最好用小火慢慢卤或炖，煮久一点后，再切成薄片吃。

营养功效：高质量的蛋白质，含有全部种类的氨基酸，氨基酸的比例与人体蛋白质中各种氨基酸的比例基本一致，其中所含的肌氨酸比任何食物都高。牛肉的脂肪含量很低，但它却是低脂的亚油酸的来源，还是潜在的抗氧化剂。

选购技巧：新鲜牛肉，颜色红而均匀，肌肉有光泽，脂肪呈白色或淡黄色，外表微干，不粘手，肉质被手指按压后，凹陷处立刻恢复原状，气味正常。

蒜烧土豆肥牛 〔热〕

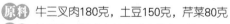

原料 牛三叉肉180克，土豆150克，芹菜80克

调料 辣椒片、酱油、植物油、盐各适量

做法

1. 牛三叉肉洗净，切块。土豆去皮洗净，切块。芹菜洗净，切段。

2. 锅入油烧热，下入肥牛三叉肉煸炒至肉变色，捞出。

3. 锅留余油烧热，下入土豆块炒熟，放入牛三叉肉块、芹菜炒香，加入盐、酱油、辣椒片调味，盛出装盘即可。

咖喱土豆焖牛肉 〔汤〕

原料 牛三叉肉、土豆各200克，菠菜、洋葱各10克

调料 葱片、姜片、辣椒段、咖喱、生粉、植物油、料酒、生抽、白糖、盐各适量

做法

1. 牛三叉肉洗净，切成小块状，装入碗中，加入生抽、白糖、料酒、生粉拌匀腌制入味。土豆、洋葱去皮洗净，切成块。菠菜洗净，切成长段。

2. 锅入油烧热，下入辣椒段、洋葱块炒香，放入牛肉块翻炒收缩，放入土豆炒制，加入开水，下入生抽、葱片、姜片、盐，中火焖30分钟，加入咖喱，待咖喱完全化开，加入菠菜叶炒匀，出锅即可。

腱子肉

腱子肉是将牛前后小腿去骨后所得的肉块，脂肪很少。由于肉中有许多链接组织，因此特别适合炖煮或煲汤，经小火慢炖后，能呈现出柔细的口感。前腿小腿骨非常适合熬高汤。

营养功效： 寒冬食牛肉可瞬胃，是该季节的补益佳品。牛肉有补中益气，滋养脾胃，强健筋骨，化痰息风，止渴止涎之功效。

选购技巧： 分辨牛腱子肉是否新鲜很简单，凡色泽鲜红而有光泽，肉纹幼细，肉质坚实，无松弛之状，用尖刀插进肉内拔出时感到有弹性，肉上的刀口随之紧缩的，就是新鲜的牛腱子肉。

川酱卤牛腱 （凉）

原料 牛腱肉500克

调料 蒜末、葱末、卤水、豆瓣酱、香油、料酒各适量

做法

1. 牛腱洗净，去掉表面筋膜，放入锅中氽水，冲洗干净。

2. 锅入油烧热，下入蒜末、葱末、豆瓣酱爆香，烹入料酒，放入盛卤水的煲中，加入清水、牛腱，煮沸后改慢火熬40分钟，离火，待冷却后放入冰箱冷藏10小时，取出，切薄片，原汁加热后淋在牛腱上，淋香油即可。

啤酒炖牛肉 （汤）

原料 牛腱子肉300克，啤酒250克，胡萝卜50克，洋葱25克

调料 姜片、蒜瓣、番茄酱、胡椒粉、植物油、酱油、白糖、盐各适量

做法

1. 胡萝卜洗净，切成滚刀块。洋葱洗净，切块。

2. 牛腱子肉洗净，切成小块，放入沸水中氽水，捞出，放入凉开水中洗去浮沫。

3. 锅入油烧至四成热，下入姜片、蒜瓣、洋葱块翻炒，加入番茄酱、牛腱肉块、酱油、白糖、啤酒，待锅开后放入胡萝卜块、胡椒粉、盐，倒入砂锅中，用小火炖30分钟即可。

牛尾

牛尾为黄牛或水牛的尾部，营养价值极高，适宜烩、炖食用。牛尾含有蛋白质、脂肪、维生素等成分，适宜黄烩、制汤。

营养功效：补气养血、强筋骨、健脾益气。含有大量维生素，特别适合儿童及青少年、术后体虚者、老年人食用。

选购技巧：在选购新鲜牛尾时要求肉质红润，脂肪和筋质色泽雪白，富有光泽，去皮后的牛尾要求无残留毛及毛根，肉质紧密并富有弹性，并有一种特殊的牛肉鲜味。

红烧牛尾 （汤）

原料 牛尾300克，冻豆腐、白菜、粉条各100克

调料 葱片、姜片、蚝油、肉汤、植物油、酱油、盐各适量

做法

1. 牛尾洗净，切成段，氽水。冻豆腐洗净，切块。白菜洗净，切块。粉条泡软，截成段。

2. 锅入油烧热，放入葱片、姜片爆香，放入牛尾段煸炒，加入肉汤、酱油、蚝油、冻豆腐、白菜块、粉条烧开，小火炖至白菜块熟烂，加入盐调味，出锅即可。

番茄牛尾汤 （汤）

原料 牛尾、番茄各300克，洋葱块100克

调料 葱花、葱段、蒜片、牛骨汤、炒面、胡椒粉、盐各适量

做法

1. 牛尾洗净，剁成块，放入沸水中氽水。番茄去皮洗净，切块。

2. 牛尾、葱段放入炖煲中，加入牛骨汤炖熟，拣去葱段，加入番茄、洋葱块、蒜片炖至牛尾酥烂，撒上炒面，加入盐、胡椒粉调味，撒上葱花即可。

香草牛尾汤 （汤）

原料 牛尾500克，胡萝卜丁、洋葱丁各50克

调料 葱末、片糖、香茅草、番茄酱、XO酱、植物油、料酒各适量

做法

1. 牛尾洗净，剁成段，入沸水中氽水，捞出。

2. 锅入植物油烧热，下入胡萝卜丁、洋葱丁翻炒，加入料酒、香茅草、番茄酱、XO酱、片糖调味，放入牛尾段再煲1.5小时，出锅装盘，撒上葱末即可。

牛胃

牛胃即牛肚，又叫牛百叶。牛共有四个胃，前三个胃为牛食道的变异，即瘤胃、网胃、瓣胃，最后一个为真胃，又称皱胃。

营养功效：具有补益脾胃、补气养血、补虚益精、止消渴的功效。

选购技巧：挑选牛胃应首先看色泽是否正常；其次看胃壁和胃的底部有无出血块或坏死的发紫发黑组织，如果有较大的出血面就是病牛胃；最后闻有无臭味和异味，若有就是病牛胃或变质牛胃，这种牛胃不要购买。

(原料) 牛百叶300克

(调料) 葱末、芝麻、香油、料酒、红油、白糖、盐各适量

(做法)

1. 牛百叶漂洗干净，改刀切成片，放入沸水锅中，加入料酒氽烫一下，捞起凉凉，装盘。

2. 取一小碗，加入盐、白糖、红油、葱末、芝麻、香油调匀，随牛百叶一起上桌即可。

过桥百叶 (凉)

椒油牛百叶 (凉)

(原料) 熟牛百叶200克，青、红辣椒各1个

(调料) 葱白、辣椒油、醋、盐各适量

(做法)

1. 熟牛百叶洗净，切成丝。葱白洗净，切成丝。青辣椒、红辣椒分别洗净，切成丝。

2. 将辣椒油、盐、醋倒入小碗中，调成料汁。

3. 将牛百叶丝、葱白丝、青辣椒丝、红辣椒丝一起装入碗中，浇上料汁，拌匀即可。

热炒百叶 (热)

(原料) 牛百叶250克，擀碎的松子仁50克

(调料) 葱丝、香菜段、芝麻、胡椒粉、辣椒粉、香油、陈醋、白糖、盐各适量

(做法)

1. 牛百叶用热水稍烫，刮去黑皮，洗净切成丝，氽熟备用。

2. 锅入香油烧热，下入葱丝、香菜段炒香，加入牛百叶、松子仁、芝麻、盐、白糖、辣椒粉、陈醋、香油、胡椒粉，炒匀即可。

牛蹄筋

牛蹄筋是牛的脚掌部位的块状筋腱，是一种上好的烹饪原料，一个牛蹄只有500克左右的蹄筋。口感淡嫩不腻，质地犹如海参，适于卤、炖、红烧等烹饪方法。

营养功效： 牛蹄筋中含有丰富的胶原蛋白质，脂肪含量也比肥肉低，并且不含胆固醇，能增强细胞生理代谢，使皮肤更富有弹性和韧性，延缓皮肤的衰老。有强筋壮骨之功效，对腰膝酸软、身体瘦弱者有很好的食疗作用，有助于青少年生长发育和减缓中老年妇女骨质疏松的速度。

选购技巧： 选购新鲜的牛蹄筋时，要选择色泽白亮且富有光泽，无残留腐肉，肉质透明，质地紧密，富有弹性。如果牛蹄筋呈黄色，质地松软，没有弹性，则表明牛蹄筋保存时间过久，不宜选购。

牛蹄筋拌豆芽 （凉）

原料 牛蹄筋300克，黄豆芽、青椒、红椒各50克

调料 蒜末、香菜段、香油、酱油、米醋、白糖、盐各适量

做法

1. 牛蹄筋洗净，切成宽条，用沸水氽烫去异味，捞出过凉。黄豆芽洗净，入沸水中焯熟，捞出冲凉。青椒、红椒分别洗净，切丝。

2. 牛蹄筋加入酱油、蒜末拌匀，腌渍2分钟。

3. 将腌渍好的牛蹄筋条、黄豆芽、青椒丝、红椒丝放入碗中，加入香菜段、盐、白糖、米醋、香油，拌匀即可。

卤蹄筋 （凉）

原料 牛蹄筋1500克

调料 葱末、姜末、白糖、香料包、鸡汤、香油、生抽、料酒、盐各适量

做法

1. 蹄筋洗净，放入沸水锅中氽烫5分钟，捞出投凉，切块。

2. 锅入鸡汤烧沸，加入料酒、盐、生抽、葱末、姜末、白糖、香料包，旺火烧开，小火煮10分钟即成卤汤。将切好的蹄筋放入锅中，小火卤至酥烂，捞出，切成小块，装入盘中，淋香油即可。

原料 牛蹄筋350克，生菜10克

调料 葱段、姜片、花椒粒、八角、香料、牛肉粉、盐各适量

做法

1. 牛蹄筋去除表面油脂，洗净。生菜洗净，码入盘中。

2. 锅入清水烧开，放入牛蹄筋、葱段、姜片、盐、牛肉粉、花椒粒、八角、香料，旺火烧开撇去浮沫，转小火煮至九成熟，捞出沥干。

3. 将牛蹄筋用保鲜膜卷实，压上重物，凉透后取出，去掉保鲜膜。

4. 将压好的牛蹄筋切小片，整齐码入盘中生菜上即可。

酱香牛蹄筋 凉

扒烧牛蹄筋 热

蒜子牛蹄筋 热

原料 鲜牛蹄筋400克，火腿、净冬笋各25克，冬菇20克

调料 葱段、姜片、鸡汤、水淀粉、熟猪油、熟鸡油、酱油、卤水、绍酒、白糖、盐各适量

做法

1. 牛蹄筋洗净，加入卤水小火煮至熟烂，切成厚片。火腿切片。净冬笋、冬菇分别洗净，切片。

2. 锅入熟猪油烧至四成热，下入火腿片、冬菇片、笋片略炒，放入牛蹄筋，加入绍酒、酱油、葱段、姜片、盐、白糖、鸡汤烧沸，转小火烧约10分钟至蹄筋入味，用水淀粉勾薄芡，淋入熟鸡油，出锅装盘即可。

原料 牛蹄筋300克，洋葱、青椒、红椒各100克

调料 葱片、姜片、炸蒜子、水淀粉、胡椒粉、蚝油、高汤、色拉油、料酒、老抽、白糖各适量

做法

1. 牛蹄筋洗净，放入高压锅中，加入葱片、姜片、料酒、清水压10分钟取出，洗净捞出。

2. 洋葱、青椒、红椒分别洗净，切成块。

3. 锅入色拉油烧至七成热，放入牛蹄筋炒匀，下入高汤、白糖、蚝油、老抽、胡椒粉、料酒、炸蒜子，盖上盖子，小火焖5分钟至入味，放入青椒块、红椒块，用水淀粉勾芡，出锅装入吊锅中即可。

鸡汁牛蹄筋 汤

原料 牛蹄筋1000克，萝卜苗200克

调料 葱末、姜末、鸡汤、胡椒粉、猪油(炼制)、鸡油、料酒、盐各适量

做法

1. 牛蹄筋洗净，用清水漂去血水，放入冷水锅中煮开，捞出，再下入冷水锅，在旺火上烧开再移用小火焖煮到八成烂，捞出，去除杂质，切成长片。

2. 萝卜苗洗净，焯水，放入砂锅中。

3. 锅入猪油烧热，下入葱末、姜末煸炒，放入牛蹄筋片、料酒、盐、鸡汤，烧开后倒入砂钵中，用小火煨10分钟，使牛蹄筋片烂透入味，加入胡椒粉收浓汁，装入深盘，淋鸡油即可。

炖牛蹄筋 汤

原料 牛蹄筋500克

调料 葱花、姜末、高汤、水淀粉、鸭油、酱油、料酒、盐各适量

做法

1. 牛蹄筋洗净，下入冷水锅中煮烂，捞出凉凉，改刀切成长条块，再用开水余一下，沥干。

2. 锅入鸭油烧热，下入姜末爆香，烹入料酒、酱油，倒入高汤，下入牛蹄筋块，加入盐调味，用水淀粉勾芡，出锅装入盘中，撒上葱花即可。

罐煨牛筋 汤

原料 牛蹄筋600克，香菇、火腿片、竹笋、红枣各100克，甘草、莲子、开阳各50克

调料 高汤、料酒、盐各适量

做法

1. 牛蹄筋洗净，切成块，用沸水略烫，捞起沥干。

2. 将香菇泡发，去蒂，对切成半。竹笋洗净，去皮，切片。红枣、莲子分别洗净。

3. 瓦罐中放入牛蹄筋、香菇、竹笋片、红枣、莲子、火腿片、甘草、开阳、料酒、盐、高汤，旺火煮开后，改成小火炖3小时至牛筋烂熟，出锅即可。

Part **3**

羊肉、兔肉

羊肉味甘、性热，富含优质蛋白质、脂肪、维生素A、B族维生素、磷、钛、铁等营养成分，具有益肾气、开胃健力、通乳、治带、助元阳、生精血等功效，可辅助治疗虚劳形衰、阳痿精衰、肾虚腰疼、形瘦怕冷、出血等，其暖身助阳效果明显。

兔肉味甘、性凉，兔肉富含蛋白质、脂肪、维生素A、尼克酸、钾、硒等营养成分，属高蛋白、低脂肪、低胆固醇食品，有补中益气、止渴健脾、滋阴凉血、解毒之功效，对消渴羸弱、胃热呕吐、便血等有一定的疗效，可预防血栓，嫩肤，故有保健肉、美容肉之称。

羊肉

羊肉较猪肉的肉质要细嫩，较猪肉和牛肉的脂肪、胆固醇含量都少。冬季食用，可收到进补和防寒的双重效果。

营养功效：补虚劳、益肾气、开胃健力、通乳、治带、助元阳、生精血等，可辅助治疗阳痿精衰、肾虚腰疼、形瘦怕冷、出血等症。

选购技巧：新鲜羊肉色红有光泽，质坚而细，有弹性，不黏，无异味。不新鲜的羊肉色暗，质松，无韧性，干燥或黏，略带酸味。变质的羊肉色暗，无光泽，黏，脂肪呈黄绿色，有臭味。

剁椒羊腿肉 〔凉〕

原料 羊腿肉200克，小尖椒50克，黄瓜条3段

调料 姜末、蒜末、香菜段、冷鲜汤、植物油、香油、酱油、醋、盐各适量

做法

1. 羊腿肉洗净，放入锅中煮熟，捞起切片。小尖椒洗净，剁碎。

2. 羊肉片整齐地摆入盘中，呈展开的一本书形状，用黄瓜条隔开。

3. 盆中放入盐、姜末、蒜末、酱油、醋、香油、冷鲜汤、植物油、小尖椒碎，调匀后淋入盘中羊肉片上，撒上香菜段即可。

美味羊柳 〔热〕

原料 羊里脊300克，胡萝卜、蒜苗各30克，鸡蛋75克

调料 蒜末、胡椒粉、玉米淀粉、苏打粉、芡粉、植物油、酱油、醋、料酒、白糖、盐各适量

做法

1. 羊里脊肉洗净，切成长条状，加入苏打粉腌30分钟，再加入鸡蛋、盐、酱油、玉米淀粉拌匀，腌30分钟。胡萝卜、蒜苗分别洗净，切成丝。

2. 锅入油烧热，放入羊肉条炸至表皮变干，捞出沥干。

3. 锅留余油烧热，放入胡萝卜丝、蒜苗丝、蒜末炒香，再放入羊肉条，加入酱油、醋、料酒、胡椒粉、白糖、芡粉，炒匀即可。

原料 肥嫩羊肉500克，洋葱250克，红椒2个

调料 蒜末、葱段、粟粉、蚝油、花生油、酱油各适量

做法

1. 洋葱洗净，切成条。红椒去籽、蒂，洗净，切成丁。羊肉洗净，切成条。

2. 将粟粉、蚝油、酱油加入适量水调匀成调味汁。

3. 炒锅置旺火上，加入花生油烧至五成热，下入羊肉条炒散，取出，装入碗中。

4. 原锅入花生油烧热，下入洋葱条、蒜末、葱段、辣椒丁爆香，再放入羊肉条炒匀，倒入调味汁翻匀，待汤汁收浓时，取出装盘即可。

西式炒羊肉 （热）

铁锅羊肉 （热）

原料 羊肉300克，蒜瓣50克

调料 葱末、黑芝麻、花椒、孜然粒、香叶、桂皮、胡椒粉、辣椒粉、五香粉、水淀粉、鸡粉、蚝油、植物油、广东米酒、白糖、盐各适量

做法

1. 羊肉去筋洗净，切丁，放入锅中，加入花椒、香叶、桂皮、水煮熟，捞出凉透。

2. 羊肉丁加入水淀粉、蚝油、广东米酒、盐、白糖、鸡粉、胡椒粉拌匀，腌制入味。

3. 锅入油烧热，下入蒜瓣炒香，放入羊肉丁煸熟，放入辣椒粉、孜然粒、五香粉调味，撒上葱末、黑芝麻即可。

窝头口味羊肉 （热）

原料 羊肉300克，玉米窝头10个，芹菜、青椒、小米椒、洋葱各30克

调料 蒜片、香菜粒、豆豉辣椒酱、植物油、料酒、盐各适量

做法

1. 羊肉洗净，切粒，加入料酒、盐略腌，放入油锅中滑油至熟，捞出。

2. 小米椒、洋葱、芹菜、青椒分别洗净，切粒。

3. 锅入油烧热，下入蒜片、豆豉辣椒酱、小米椒粒、洋葱粒、芹菜粒、青椒粒爆香，加入羊肉粒炒匀，烹入料酒，撒上香菜粒炒匀，出锅即可。食用时与窝头同食。

锅烧羊里脊 ^热

原料 羊里脊350克，鸡蛋1个，豆苗100克，洋葱末30克，青椒末、红椒末各10克，面粉20克

调料 葱末、姜末、枸杞、胡椒粉、植物油、香油、酱油、料酒、盐各适量

做法

1. 豆苗洗净。羊里脊肉洗净，切片，加入盐、酱油、料酒、葱末、姜末、胡椒粉、香油腌制10分钟。将腌好的羊肉裹面粉，再蘸匀鸡蛋液，放入油锅中炸至变色，捞出。

2. 锅留底油烧热，下入葱末、姜末、洋葱末、青椒末、红椒末爆香，加入料酒、盐、枸杞、胡椒粉、水，放入炸好的羊肉片炒匀，淋香油，出锅浇在豆苗上即可。

九味烹羊里脊 ^热

原料 羊里脊700克，鸡蛋清1个

调料 葱末、姜末、蒜末、香菜、辣椒酱、花椒粉、高汤、豌豆淀粉、花生油、香油、醋、料酒、白糖、盐各适量

做法

1. 羊里脊肉洗净，切成块，用刀背捶松，放入料酒、盐腌渍，用鸡蛋清、豌豆淀粉调匀浆好。

2. 将高汤、白糖、盐、醋、辣椒酱、豌豆淀粉、香油调成汁。

3. 锅入油烧热，放入肉块炸一下，捞出，待油锅中水分烧干，复炸至酥透，捞出。锅留底油烧热，下入葱末、姜末、蒜末、花椒粉炒出麻香味，倒入羊里脊片、味汁炒匀，周围放香菜即可。

杭椒炒羊肉丝 ^热

原料 羊肉300克，芹菜100克，杭椒20克

调料 泡姜丝、香菜段、豆瓣酱、水淀粉、盐各适量

做法

1. 羊肉洗净，切丝，用盐、水淀粉抓匀上浆。

2. 杭椒洗净，切丝。芹菜洗净，切段。

3. 锅入油烧热，放入肉丝滑炒，捞出沥油。

4. 锅留底油烧热，放入杭椒丝、泡姜丝、芹菜段、香菜段炒匀，加入豆瓣酱、羊肉丝，加入盐调味，炒熟出锅，装入盘中即可。

原料 羊里脊肉400克，青尖椒、红尖椒各20克

调料 姜片、蒜末、香菜、豆瓣酱、白胡椒粉、水淀粉、植物油、绍酒、盐各适量

做法

1. 羊里脊肉洗净，切成片。
2. 青、红尖椒去蒂、籽，切片。香菜择洗干净，切段。
3. 锅入油烧热，放入姜片、蒜末、豆瓣酱煸炒出香味，放入羊肉片，烹入绍酒，爆炒至羊肉片九成熟，加入青尖椒片、红尖椒片，调入白胡椒粉、盐炒至入味，加入水淀粉勾芡，撒上香菜段，出锅装盘即可。

生炒羊肉片 〔热〕

腊八豆炒羔羊肉 〔热〕

原料 羊后腿肉500克，腊八豆150克，鸡蛋1个

调料 葱末、姜末、香料水、水淀粉、色拉油、香油、料酒各适量

做法

1. 羊后腿肉洗净，切成片，用姜末、香料水腌30分钟，加入鸡蛋、水淀粉搅匀上浆，最后加入香油、料酒，放入冰箱冷藏室腌3小时。
2. 锅入色拉油烧至五成热，下入腌好的羊肉片，滑炒2分钟出锅。
3. 锅留余油烧热，下入腊八豆、葱末炒香，放入滑熟的羊肉片炒匀，出锅装盘即可。

石锅羊腩茄子 〔热〕

原料 羊腩300克，茄子、胡萝卜各200克，青豆、玉米粒各50克

调料 葱片、姜片、蒜片、海鲜酱、柱侯酱、卤水、高汤、水淀粉、鸡粉、色拉油、老抽、盐各适量

做法

1. 羊腩洗净，放入卤水中小火卤40分钟，取出。
2. 胡萝卜、茄子洗净，切块，放入油锅中浸炸3分钟，捞出。
3. 锅留底油烧热，放入葱片、姜片、蒜片爆香，放入高汤、胡萝卜、青豆、玉米粒、茄子块烧开，放入羊腩烧20分钟，加入老抽、盐、鸡粉、海鲜酱、柱侯酱调味，用水淀粉勾芡，出锅装入石锅中即可。

啤酒干锅羊肉 （热）

原料 羊肉500克

调料 姜片、香蒜、香料包、啤酒、干锅酱、蚝油、生抽、老抽、盐各适量

做法

1. 羊肉洗净，汆水，捞出，放入油锅中炒干水分，放入啤酒、蚝油、生抽、老抽、干锅酱、盐煸炒上色，盛出。

2. 将炒好的羊肉放入高压锅中，加入料包烧5分钟，改小火焖2分钟，将羊肉倒出，放入锅中，放入姜片、香蒜，倒入半杯啤酒，待啤酒烧开后，改中小火烧至汤汁浓稠，出锅装盘即可。

砂锅东山羊 （热）

原料 东山羊肉300克，青萝卜片、红海椒、香菜各50克

调料 葱片、姜片、干辣椒、红椒丝、八角、香叶、豆瓣酱、辣酱、高汤、蚝油、红油、料酒、盐各适量

做法

1. 羊肉洗净，放入清水锅中，加入料酒、葱片、姜片烧开，用小火煮15分钟，捞出切块。

2. 红油烧热，下八角、香叶、干辣椒、豆瓣酱、辣酱炒香，放入羊肉炒匀，加高汤烧开，小火烧40分钟，用盐、蚝油调味，出锅。将青萝卜片焯熟，捞出，放入砂锅垫底。将羊肉块、红海椒、羊汤入锅烧开，撒香菜段、红椒丝即可。

小米辣烧羊肉 （热）

原料 羊肉600克，小米椒20克

调料 葱末、姜片、蒜末、蒜叶、八角、桂皮、草果、香叶、山奈、水淀粉、植物油、料酒、盐各适量

做法

1. 羊肉洗净，同山奈、八角、桂皮、料酒、清水放入锅中，将羊肉煮至断生，捞出，切成块。

2. 小米椒洗净，剁碎。

3. 锅入油烧热，下入盐、草果、香叶、姜片、八角煸香，下入羊肉块煸炒至水分收干时，烹入料酒，再加入适量清水，下入葱末，用小火煨至羊肉酥烂，下入蒜末、小米椒碎、蒜叶，放盐略烧，用水淀粉勾芡，出锅即可。

原料 带骨羊肉1000克

调料 葱花、姜块、青蒜叶、红椒段、八角、冰糖、水淀粉、酱油、料酒、盐各适量

做法

1. 羊肉洗净,放入清水锅中,用中火烧开,取出洗净。

2. 青蒜叶洗净,切段。

3. 将羊肉、料酒、酱油、红椒段、八角、盐、葱花、姜块放入锅中,加入清水,旺火烧开,撇去浮沫,加入冰糖,小火焖3小时,待肉熟透,取出肉块,拆去骨头。

4. 肉块切成小方块,放入原汁锅中用旺火收汁,汁稠时加入青蒜叶,用水淀粉勾芡,出锅即可。

红烧羊肉 热

牙签羊肉 热

粉蒸羊肉 热

原料 羊后腿肉400克,鸡蛋1个

调料 芝麻、孜然、辣椒粉、嫩肉粉、胡椒粉、淀粉、鸡粉、植物油、料酒、盐各适量

做法

1. 羊后腿肉洗净,去除筋膜,切成小块,用孜然、芝麻、辣椒粉、盐、鸡粉、胡椒粉、料酒、嫩肉粉、鸡蛋液拌匀,腌渍入味,放入淀粉拌匀,用牙签串起来。

2. 锅入油烧至六成热,下入串好的羊肉块炸熟,捞出,沥干油分,装盘即可。

原料 羊腿肉400克,大米粉150克

调料 葱丝、姜末、香菜段、茴香籽、八角、草果、辣豆酱、胡椒粉、花椒油、辣椒油、料酒、盐各适量

做法

1. 羊腿肉洗净,切成薄片,放入葱丝、料酒、姜末、盐拌匀,腌渍10分钟。

2. 将大米粉、八角、茴香籽、草果放入锅中炒香,倒出压碎,再将辣豆酱炒出香味,加入少量水,放入压碎的大米粉,拌匀装盆,上笼用旺火蒸5分钟,取出。

3. 将羊肉片加胡椒粉、花椒油、辣椒油、大米粉拌匀,蒸20分钟,取出,撒香菜段即可。

萝卜羊肉汤 （汤）

原料 熟羊肉300克，萝卜200克

调料 姜片、香菜、胡椒粉、香油、醋、盐各适量

做法

1. 熟羊肉洗净，切成2厘米见方的小块。
2. 萝卜洗净，切成小块。香菜洗净，切成段。
3. 将羊肉块、姜片、盐放入锅中，加入适量水，用旺火烧开，改用小火煮10分钟，放入萝卜块煮熟，再加入香菜段，加入胡椒粉、醋搅匀，淋入香油即可。

羊肉粉皮汤 （汤）

原料 羊肉250克，水发粉皮150克

调料 葱段、姜块、枸杞、料酒、盐各适量

做法

1. 羊肉洗净，剁成小块，放入沸水中汆水，捞出。
2. 粉皮切成块，放入温水中泡软。
3. 砂锅中加入适量清水，放入羊肉块，加入料酒、姜块、枸杞、葱段，煮沸后撇去浮沫，盖上盖子炖1.5小时，待羊肉段熟烂后，加入粉皮炖10分钟，加入盐调味，出锅即可。

鱼羊鲜 （汤）

原料 带骨鳜鱼肉600克，带皮羊肉500克

调料 葱丝、香菜段、姜片、胡椒粉、色拉油、酱油、料酒、白糖、盐各适量

做法

1. 鳜鱼肉、羊肉处理干净，分别切成块。
2. 锅入色拉油烧热，放入葱丝、姜片煸香，下入鳜鱼块煎至变色，放入羊肉块、酱油、盐、料酒、清水，炖至羊肉块熟烂，加入白糖调味，用旺火收浓汁，撒上胡椒粉，装入盘中，撒上葱丝、香菜段即可。

当归山药炖羊肉 （汤）

原料 羊肉600克，当归、山药各150克

调料 姜片、枸杞、胡椒粉、盐各适量

做法

1. 羊肉洗净，切成块，放入沸水中汆水，捞出。

2. 山药去皮洗净，切块。

3. 将羊肉块、当归、枸杞、姜片放入炖锅中，小火炖30分钟，再放入山药块，炖至山药块熟透，加入盐、胡椒粉调味，稍煨即可。

冬瓜烩羊肉丸 （汤）

原料 羊腿肉300克，冬瓜350克，鸡蛋1个

调料 葱段、姜末、香菜段、胡椒粉、色拉油、盐各适量

做法

1. 冬瓜去皮洗净，切块。羊肉去除筋膜，洗净，剁成蓉，加入姜末、盐、鸡蛋、胡椒粉搅拌成蓉，挤成小丸子。

2. 锅入油烧至六成热，下入羊肉丸子炸熟，捞出沥油。

3. 净锅倒入清水烧沸，加入盐、葱段、冬瓜块煮沸，放入羊肉丸子，撇去浮沫，转小火煮至熟烂，出锅盛入碗中，撒上香菜段即可。

海马羊肉煲 （汤）

原料 净羊肉500克，海马50克，红枣20克

调料 姜片、羊肉汤、料酒、盐各适量

做法

1. 羊肉洗净，切成1.5厘米见方的块，放入沸水锅中汆透，捞出洗净。海马、红枣分别洗净。

2. 砂锅中放入羊肉汤、姜片、羊肉块、海马、红枣，调入料酒，旺火烧开，撇去浮沫，改用小火煲约3小时，加入盐调味，出锅即可。

羊肉炖萝卜 （汤）

（原料）羊肉500克，白萝卜300克，香菜10克

（调料）姜片、胡椒、醋、盐各适量

（做法）

1. 羊肉洗净，切成2厘米见方的块。

2. 白萝卜洗净，切成块。

3. 香菜洗净，切段。

4. 将羊肉块、姜片、盐放入锅中，加适量清水，旺火烧开，改小火熬1小时，再放入萝卜块煮熟，加入香菜段、胡椒、醋调匀，出锅即可。

龟羊汤 （汤）

（原料）羊肉500克，龟肉400克

（调料）葱结、姜片、党参、枸杞、附片、当归、冰糖、胡椒粉、熟猪油、绍酒、盐各适量

（做法）

1. 龟肉撕去表面黑膜，洗净，余水。羊肉浸泡在冷水中洗净。龟肉、羊肉随冷水下锅煮开，切块。

2. 锅入熟猪油烧热，下入龟肉、羊肉块煸炒，烹入绍酒，收干水分。取大砂罐，放入龟肉、羊肉块，再放入冰糖、党参、附片、当归、葱结、盐、姜片，加入清水盖好，旺火烧开，再转小火炖至九成熟，放入枸杞，炖10分钟，离火，放入胡椒粉调匀，盛入汤碗中即可。

桂枝羊肉煲 （汤）

（原料）羊肉400克，桂枝、附子、红枣各15克

（调料）香菜段、羊肉汤、料酒、盐各适量

（做法）

1. 羊肉洗净，切成1.5厘米见方的小块。将桂枝、附子、红枣洗净。

2. 砂锅中放入羊肉汤、料酒、羊肉块烧开，撇去浮沫，加入桂枝、附子、红枣，改用小火煲约2小时，待羊肉熟烂时，加入盐调味，撒上香菜段，出锅即可。

连锅羊肉 汤

（原料）羊腿肉500克，猪肉皮300克，白萝卜片、
菠菜各100克，豆腐片50克

（调料）葱末、姜末、蒜末、香菜段、八角、清汤、
胡椒粉、酱油、料酒、白糖、盐各适量

（做法）

1. 羊腿肉洗净，切成块，放入沸水中煮30分钟至熟
取出。

2. 另起锅加入清汤、羊肉块、猪肉皮、白萝卜片
同煮，加入葱末、姜末、蒜末、八角煮1个小
时，放入料酒、酱油、白糖、盐、香菜段、胡
椒粉，转小火煮30分钟，取出羊肉块，切成厚

清炖羊肉 汤

（原料）羊腩肉1000克

（调料）葱段、姜块、香菜段、花椒、八角、桂皮、
香叶、茴香、胡椒粉、盐各适量

（做法）

1. 羊腩肉洗净，切成3厘米见方的块，用流水冲洗
干净，捞出沥干。

2. 锅中加清水烧开，放入花椒、八角、桂皮、香
叶、茴香、葱段、姜块、羊腩块，旺火烧沸，
撇除浮沫，转小火慢炖2小时，加入盐、胡椒粉
调味，继续炖10分钟，出锅装入碗中，撒上香
菜段即可。

五元羊肉汤 汤

（原料）羊肉500克，荔枝、桂圆、红枣、莲子、枸
杞各15克

（调料）葱片、姜片、蒜片、桂皮、蜂蜜、清汤、胡
椒粉、大曲酒、料酒、盐各适量

（做法）

1. 红枣洗净。荔枝、桂圆剥去壳洗净。

2. 羊肉用温水浸泡，刮洗干净，下入冷水锅中煮
熟，捞出，用清水洗净，放入砂锅中，加入葱
片、姜片、大曲酒、桂皮、水旺火烧开，撇去泡
沫，移小火煨至八成烂，取出，切成块，下入油
锅中煸香，烹入料酒，装入砂锅中，放入荔枝、
桂圆、红枣、莲子、枸杞、蒜片、蜂蜜、胡椒
粉、盐、清汤、原汤，小火炖至酥烂即可。

羊排

羊排即连着肋骨的肉，外覆一层薄膜，肥瘦结合，质地松软。适于扒、烧、焖和制馅等烹饪方法。

营养功效：补体虚，祛寒冷，温补气血。

选购技巧：新鲜羊排上的羊肉颜色明亮且呈红色，用手摸起来感觉肉质紧密，表面微干或略显湿润且不粘手，按一下凹印可迅速恢复，闻起来没有腥臭味者为佳。因为羊排的油脂比较丰富，建议在选的时候尽量选瘦一点的，太肥的羊排容易肥腻。

西域炒羊排 (热)

原料 羊排500克，青椒、红椒、蒜薹各30克

调料 辣椒粉、孜然粒、淀粉、植物油、白糖、盐各适量

做法

1. 羊排洗净，切块，用高压锅压熟，捞出。蒜薹洗净，切成粒。青椒、红椒分别洗净，切圈。

2. 羊排沥干水分，拍上淀粉，放入八成热油锅中过油，捞出备用。

3. 锅入油烧热，放入青椒圈、红椒圈、羊排块爆炒，加入辣椒粉、孜然粒、盐、白糖调味，撒上蒜薹粒炒熟，出锅即可。

奇香羊排 (热)

原料 羊排750克，彩椒、西芹各20克，干辣椒段10克

调料 葱末、姜末、蒜末、老干妈酱、胡椒粉、嫩肉粉、生粉、蚝油、植物油、料酒、生抽、白糖、盐各适量

做法

1. 羊排洗净，剁块，加料酒、盐、蚝油、嫩肉粉、生粉腌入味。彩椒、西芹分别洗净，切块。

2. 锅入油烧热，逐块下入羊排块炸透，转微火炸熟，再用旺火炸至呈金黄色，倒入漏勺控油。

3. 另起锅，放入葱姜蒜末、干辣椒段、老干妈酱炒香，加料酒、盐、白糖、胡椒粉、蚝油、生抽炒匀，放入羊排块、彩椒块、西芹块炒熟即可。

原料 羊排650克，烟笋80克，青杭椒20克

调料 葱段、熟芝麻、八角、桂皮、豆瓣酱、酱油、料酒、盐各适量

做法

1. 羊排洗净，剁成小块，放入汤锅中，加入水、八角、桂皮煮烂，捞出。

2. 烟笋泡发洗净，切成条。青杭椒洗净，切段。

3. 锅入油烧热，下入豆瓣酱、青杭椒段、烟笋略炒，再加入羊排块，烹入料酒炒香，加入盐、酱油、葱段炒匀，撒上熟芝麻，出锅即可。

川香羊排 热

红焖羊排 热

手抓羊肉 热

原料 羊排1000克，水发黄豆粒10克

调料 葱末、姜末、蒜瓣、八角、花椒、山柰、香叶、桂皮、水淀粉、胡椒粉、植物油、香油、酱油、白糖各适量

做法

1. 羊排洗净，剁成段，用流水冲洗干净，捞出，沥干。

2. 锅入油烧热，下入姜末炒香，再倒入羊排段，加入酱油煸炒5分钟，添入适量清水，加入八角、花椒、山柰、黄豆粒、香叶、桂皮、白糖、胡椒粉、蒜瓣，小火焖烧，待汤汁浓稠时，用水淀粉勾薄芡，撒上葱末，淋香油即可。

原料 羊肋排1500克

调料 葱段、黑胡椒、花椒、香叶、枸杞、草果、绍酒、盐各适量

做法

1. 羊肋排洗净，剁成大块，冲洗干净，下入沸水锅中，加绍酒汆一下，捞出，控净血水。

2. 花椒、香叶、黑胡椒、草果用纱布包成料包。

3. 净汤锅置旺火上，放入葱段、枸杞、料包、绍酒、盐、羊肉块，开锅后转小火煮50分钟，出锅装盘即可。

羊杂即羊下水，包括羊头、蹄、心肝、肠肺以及羊血，是暖胃、驱寒的保健佳肴。

营养功效：羊杂含有丰富的蛋白质、脂肪、碳水化合物、钙、磷、铁、维生素B、维生素C、维生素B₃、肝素等多种营养素，有益精壮阳、健脾和胃、养肝明目、补气养血的功效，在气候偏冷的北方和西部地区，羊杂既可果腹充肌，又可为人们逐寒御冷。

选购技巧：新羊肝有颜色，褐色紫色都不错，手摸坚实无黏液，闻无异味是好货。新鲜羊肚黄白色，手摸劲挺黏液多，肚内无块和硬粒，弹性较足好货色。新鲜羊心好选择，无味不黏有血液。新鲜羊腰有层膜，光泽润泽不变色。

麻辣羊肝花 （凉）

原料 羊肝500克

调料 葱丝、葱花、姜末、蒜末、香菜段、干辣椒、熟芝麻末、花椒、植物油、香油、酱油、盐末各适量

做法

1. 羊肝洗净，切块，氽至六成熟，捞出。
2. 锅入油烧至六成热，加入干辣椒、花椒、盐、葱花炸出香味，捞出，将调料渣捣碎。
3. 将肝块倒入油锅中，加酱油和少量水，煮30分钟后起锅。姜末、熟芝麻末、酱油、香油、蒜末调成汤汁。
4. 将肝块切成薄片，装入盘中，撒上葱丝、香菜段，浇上汤汁拌匀即可。

芫爆羊肚 （热）

原料 熟羊肚400克，香菜50克

调料 葱末、姜末、蒜片、胡椒粉、花生油、香油、醋、绍酒、盐各适量

做法

1. 熟羊肚洗净，切成细丝。香菜洗净，切成段。
2. 将盐、绍酒、胡椒粉、醋调匀成味汁。
3. 锅入花生油烧热，放入葱末、姜末、蒜片爆香，加入羊肚丝、香菜段，烹入调好的味汁，快速爆炒均匀，淋香油，盛出装盘即可。

原料 羊肚500克

调料 蒜末、干辣椒丝、牛奶、水淀粉、植物油、香油、料酒、盐各适量

做法

1. 羊肚撕去肚油、肚皮，片去里边的皮，在一面切花刀，切成长段，洗净。

2. 碗中放入盐、蒜末、牛奶、料酒、水淀粉调匀成味汁。

3. 锅入油烧热，下入羊肚段，炒至待羊肚卷花时，捞出。

4. 原锅留油烧热，下入干辣椒丝炒香，放入羊肚段，倒入味汁炒匀，淋上香油，出锅即可。

辣爆羊肚 （热）

麻辣羊蹄花 （热）

炖羊蹄 （热）

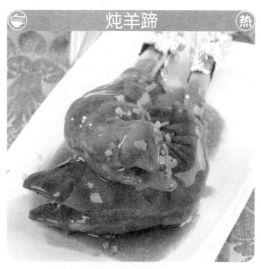

原料 羊蹄2500克，香菜、泡菜各100克，小鲜红辣椒20克

调料 葱片、姜片、蒜片、干辣椒节、桂皮、胡椒粉、猪油、香油、酱油、料酒、盐各适量

做法

1. 羊蹄泡洗干净，放锅中煮透捞出，放入砂锅中，加入水、料酒、盐、酱油、桂皮、干辣椒节、葱片、姜片，烧开锅改小火煨至七成烂，扣入碗中，放入原汤，再上笼蒸烂。

2. 泡菜切碎。小鲜红辣椒洗净，切丝。香菜切段。

3. 锅入猪油烧热，下入泡菜碎、蒜片炒香，取出羊蹄反扣在盘中，把汁浇入锅中，撒胡椒粉，淋在羊蹄上，再淋上香油，撒香菜段即可。

原料 生羊蹄2个

调料 葱末、姜末、香菜末、八角、水淀粉、植物油、酱油、料酒、盐各适量

做法

1. 羊蹄洗净，用开水煮熟，捞出凉凉，去骨。

2. 锅入油烧热，下入八角炸香，加入葱末、姜末炒香，烹入酱油、料酒，加入适量清水，放入羊蹄，小火慢炖入味，加入盐，用水淀粉勾芡，出锅，装入盘中，撒上香菜末即可。

兔肉包括家兔肉和野兔肉两种，家兔肉又称为菜兔肉。兔肉性凉味甘，在国际上享有盛名。兔肉适用于炒、烤、焖等烹调方法，可红烧、粉蒸、炖汤。

营养功效：兔肉味甘、性凉，入肝、脾、大肠经，具有补中益气、凉血解毒、清热止渴等作用。

选购技巧：新鲜兔肉呈暗红色并略带灰色，肉质柔软，有光泽，脂肪洁白，结构紧实，肌肉纤维韧性强；外表风干，有风干膜，或外表湿润，但不粘手；有兔肉的正常气味。

豆豉拌兔丁 （凉）

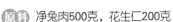

原料 净兔肉500克，花生仁200克

调料 葱段、姜片、豆豉、郫县豆瓣、花椒粉、辣椒油、精炼油、香油、酱油、白糖各适量

做法

1. 兔肉洗净，放入温水锅中，加入姜片、葱段煮至刚熟，同汤一起离开火口浸泡约10分钟，捞出凉凉，斩成方丁。郫县豆瓣剁细。豆豉加工成末。花生仁去掉皮。

2. 锅入油烧热，放入豆瓣炒香，加入豆豉末略炒，起锅。将酱油、白糖、豆瓣、豆豉末、辣椒油、香油、花椒粉调匀成麻辣味型的味汁。

3. 将葱段、兔肉丁、花生仁放入碗中，调入味汁拌匀即可。

青芥美容兔 （凉）

原料 仔兔150克，芥菜干100克

调料 辣椒油、芥末油、复制酱油、料酒、白糖、盐各适量

做法

1. 兔肉洗净，放入沸水锅中，加入盐、料酒，煮熟，凉凉，斩成小块。

2. 芥菜干切碎，下入锅中干炒，捞出，放入坛子焖一天成冲菜。

3. 兔肉块加入盐、白糖、复制酱油、辣椒油拌匀，加入芥末油调味，搅拌均匀，装入盘中，将冲菜摆放在兔肉块上面即可。

原料 带骨兔肉450克，黄瓜100克，红尖椒20克

调料 老泡菜盐水、酱油、盐各适量

做法

1. 兔肉洗净，下入开水锅中煮熟，捞出，去大骨，改刀切成菱形块。

2. 黄瓜去皮洗净，切成块。

3. 红尖椒洗净，切成圈，放入老泡菜盐水中，加入盐、酱油调匀制成味汁，装入碟中。

4. 将兔肉块、黄瓜块整齐地码入盘中，配上味碟即可。

开心跳水兔 凉

香拌兔丁 凉

巴国钵钵兔 凉

原料 鲜兔肉500克，酥花生米15克

调料 葱段、姜丝、蒜泥、熟芝麻、油酥豆瓣、油酥豆豉、麻酱、花椒粉、胡椒粉、红辣椒油、香油、酱油、醋、白糖、盐各适量

做法

1. 兔肉用清水泡洗干净，放入锅中，加入清水烧开，撇净浮沫，加入葱段、姜丝，转小火煮熟，捞出凉凉。

2. 将兔肉去骨，切成1.2厘米见方的丁，装入盛器中，加入盐拌匀，再加入酱油、白糖、醋、胡椒粉、红辣椒油、油酥豆瓣、油酥豆豉、麻酱、蒜泥、花椒粉、香油、熟芝麻、酥花生米拌匀，装盘即可。

原料 兔肉1500克

调料 葱段、姜末、蒜末、酥黄豆、芝麻酱、辣椒油、香油、醋、白糖、盐各适量

做法

1. 兔肉洗净，放入锅中煮熟，加入姜末、葱段煮熟，捞出凉凉。

2. 将蒜末、芝麻酱、盐、白糖、醋、香油、辣椒油调匀成料汁。

3. 将兔肉斩成条形，摆入盘中，淋上调好的料汁，撒上葱段、酥黄豆，拌匀即可。

荷叶麻辣兔卷 （凉）

原料 兔肉300克，荷叶饼若干，黄瓜、绿尖椒圈各50克

调料 葱末、泡辣椒、小红尖椒、豆豉、花椒面、植物油、酱油、白糖、蘑菇精、盐各适量

做法

1. 兔肉洗净，放入开水锅中煮熟，捞出，剁成方丁。

2. 豆豉略剁。泡辣椒、小红尖椒分别洗净，切丁。

3. 锅入油烧热，放入泡辣椒煸炒出辣椒油，放入尖椒丁、豆豉炒香，放入兔丁，加入酱油、白糖、盐、葱末、蘑菇精、花椒面，煸炒入味，关火，盛入盘中。

4. 将荷叶饼铺开，卷入适量的麻辣兔丁，放入黄瓜条，用切好的绿尖椒圈套成卷，用黄瓜片、辣椒花装饰即可。

泡椒兔腿 （热）

原料 兔腿300克，红尖椒、绿尖椒各2个

调料 葱末、姜末、泡椒、香料包、胡椒粉、老抽、料酒、盐各适量

做法

1. 兔腿肉洗净，与香料包一起放入锅中卤味15分钟，捞出，切成块。红尖椒、绿尖椒洗净，切成块。

2. 锅入油烧热，放入葱末、姜末爆锅，放入红尖椒块、绿尖椒块、泡椒翻炒出味，倒入兔腿肉块，调入盐、胡椒粉、料酒、老抽，翻炒5分钟，出锅装盘即可。

鱼香兔丝 （热）

原料 熟兔肉150克，竹笋100克

调料 葱花、姜末、蒜泥、泡辣椒、辣椒油、香油、酱油、醋、白糖、盐各适量

做法

1. 竹笋洗净，切成丝。泡辣椒去籽，切成末。兔肉切成0.3厘米粗的丝。

2. 锅入水烧沸，放入竹笋丝焯至断生，捞出凉凉。

3. 将酱油、醋、白糖、盐先调匀成咸鲜酸甜味，加入泡辣椒末、姜末、蒜泥、辣椒油、香油、葱花调匀成鱼香味汁。

4. 竹笋丝、兔丝装入盘中，淋上鱼香味汁，拌匀即可。

原料 兔肉300克，竹笋、莲藕、胡豆各50克

调料 葱段、姜末、蒜末、干辣椒段、干花椒、孜然粉、料酒、生抽、白糖、盐各适量

做法

1. 兔肉洗净，切块，汆水。竹笋剥去老皮，洗净，切片。莲藕洗净去皮，切片。

2. 锅入油烧热，放入白糖炒至白糖起泡时，放入兔肉，加入料酒、盐、姜末、蒜末爆炒，加入干辣椒段、干花椒、孜然粉炒香，加入竹笋片、莲藕、胡豆，放入葱段炒熟，加入生抽，起锅装盘即可。

干锅兔 热

山药炸兔肉 热

红焖兔肉 热

原料 兔肉250克，山药50克，鸡蛋2个

调料 葱段、姜片、水淀粉、猪油、酱油、料酒、白糖、盐各适量

做法

1. 山药去皮洗净，切片，烘干，研成细末。

2. 兔肉洗净，切成2厘米见方的块，放入碗中，加入料酒、盐、酱油、白糖、姜片、葱段拌匀，腌20分钟。

3. 鸡蛋去黄留蛋清，加入山药粉、水淀粉搅匀，调成蛋清糊，将兔肉裹匀挂糊。

4. 锅入猪油烧热，逐个放入兔肉块炸至断生，捞出，待油温升高，再一起下锅复炸至呈金黄色，装盘即可。

原料 兔肉500克，荸荠100克

调料 姜片、蒜段、泡椒、红腐乳、辣妹子酱、五香粉、生抽、料酒、白糖各适量

做法

1. 兔肉洗净，斩成块，沥干水分。

2. 荸荠洗净，削皮，切成两半。兔肉放入开水中汆水，捞出，洗净浮沫，沥干。

3. 锅入油烧热，放入姜片、泡椒爆香，倒入兔肉块翻炒，下入料酒、白糖、五香粉、辣妹子酱、生抽、红腐乳继续爆炒，加入荸荠、水，旺火煮开，转小火焖1个小时至兔肉酥烂，加入蒜段，旺火收汁装碟上桌。

宫廷兔肉 〔热〕

原料 兔肉500克

调料 葱花、姜片、蒜末、花椒、豆瓣酱、辣椒酱、高汤、红油、料酒各适量

做法

1. 兔肉洗净，切成小方丁，放入沸水锅中汆水，捞起备用。

2. 锅入油烧热，下入蒜末、姜片、红油、花椒煸香，放入兔肉丁煸炒出香味，下入料酒、辣椒酱、豆瓣酱，加入高汤焖至入味，撒上葱花即可。

青豆烧兔肉 〔热〕

原料 兔肉200克，青豆150克，胡萝卜丁30克

调料 葱花、姜末、高汤、植物油、盐各适量

做法

1. 兔肉洗净，切成大块。青豆洗净。

2. 锅入油烧热，放入姜末、葱花炒出香味，下入兔肉块、胡萝卜丁、青豆翻炒，加入高汤、盐调味，烧至收汁，出锅装盘即可。

枸杞炖兔肉 〔汤〕

原料 兔肉300克，枸杞20克

调料 姜块、盐适量

做法

1. 兔肉洗净，切成小块。

2. 兔肉、枸杞、姜块同入砂锅中，加入适量水，用旺火烧沸，转小火慢炖，待兔肉熟烂后，加入盐调味，出锅即可。

红枣炖兔肉 〔汤〕

原料 兔肉250克，红枣15枚，笋片50克

调料 盐适量

做法

1. 兔肉洗净，切块，放入沸水锅中汆水，捞出，洗净血污，控干水分。

2. 红枣洗净，用温水泡一下。

3. 将兔肉、笋片、红枣放入砂锅中，加入适量水炖熟，加入盐调味，出锅即可。

Part **4**

鸡肉、鸭肉、鹅肉

鸡肉味甘、性温,含蛋白质、脂肪、碳水化合物、维生素、维生素B₃、钙、磷、铁等营养成分,具有温中益气、补精填髓的功效,对虚劳羸弱、中虚食少、产后缺乳、病后虚弱、营养不良性水肿等有一定食疗作用。

鸭肉味甘、咸,性凉,含蛋白质、脂肪、碳水化合物、维生素、尼克酸、泛酸、钙、磷、钾、钛、锌等营养成分,具有滋阴养胃、利水消肿的作用。

鹅肉味甘、性平,含蛋白质、脂肪、维生素A、维生素B族、钙、磷等,具有益气补肾、和胃止渴等功效,适用于虚劳羸瘦、消渴等的食疗。

全鸡

鸡肉肉质细嫩，滋味鲜美，由于其味较淡，因此可使用于各种料理中，适于酱、烧、炒、腌、卤、清炖等烹饪方法。

营养功效：鸡肉含有维生素C、维生素E等，蛋白质的含量比例较高，种类多，而且消化率高，很容易被人体吸收，有增强体力、强壮身体的作用，另外还含有对人体发育有重要作用的磷脂等。

选购技巧：鸡死后鸡骨附近可能会发黑，其实这并不是坏。鸡死后，黑色的营养色素会从鸡骨头中渗出，因为其中含铁，所以显黑色，可以放心食用。

风暴子鸡 （凉）

原料 三黄鸡400克，花生碎100克

调料 葱末、姜末、葱花、花椒、小米椒、干辣椒节、芝麻、植物油、生抽、盐各适量

做法

1. 三黄鸡洗净，用滚水烫两遍。锅入清水，加入葱末、姜末、盐烧开，放入三黄鸡小火烧开，关火浸泡20分钟，取出斩件，装入盘中。

2. 将小米椒切末，与花椒、生抽、芝麻拌匀。

3. 另起锅入植物油烧热，放入花椒、干辣椒节、葱末、姜末爆香，拣去花椒、葱末、姜末不要，热油倒入盛放花椒的碗中调和均匀。

4. 将调好的味汁淋在鸡肉上，撒葱花、花生碎即可。

糊涂鸡 （凉）

原料 三黄鸡500克

调料 葱段、姜片、蒜末、香葱粒、芝麻、泡辣椒、冷鸡汤花椒面、辣椒油、料酒、醋、白糖、盐各适量

做法

1. 三黄鸡洗净，放入清水中浸泡片刻。

2. 锅入清水，放入姜片、葱段、盐、料酒旺火烧沸，放入三黄鸡，改小火煮烂，捞出，放入冷鸡汤中浸30分钟，取出，切成条状，装入盘中。

3. 泡辣椒洗净去籽，剁细，加入白糖、醋、蒜末、花椒面、辣椒油调成调味汁，均匀地在切好的鸡条上面，最后用芝麻、葱粒拌匀即可。

原料 新鲜三黄鸡800克，杭椒圈100克

调料 葱花、调料A（生姜、鸡粉、黄姜粉、料酒、盐）、调料B（鸡粉、李锦记蒸鱼豉、色拉油、生抽、白糖、盐）各适量

做法

1. 三黄鸡处理干净，余水。

2. 锅入适量清水，加入调料A旺火烧开，煮5分钟关火，浸泡20分钟，凉凉捞出，改刀装盘。

3. 另起锅放入调料B烧开，均匀地淋在三黄鸡上。

4. 锅入色拉油烧热，放入杭椒圈，加入盐、鸡粉翻炒至出清香味，出锅倒在三黄鸡上，撒上葱花拌匀即可。

湘水三黄鸡 〔凉〕

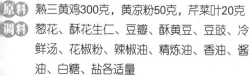

凉粉三黄鸡 〔凉〕

原料 熟三黄鸡300克，黄凉粉50克，芹菜叶20克

调料 葱花、酥花生仁、豆瓣、酥黄豆、豆豉、冷鲜汤、花椒粉、辣椒油、精炼油、香油、酱油、白糖、盐各适量

做法

1. 三黄鸡洗净，切片。凉粉切成长片。豆豉捶成蓉。芹菜叶洗净，剁细。酥花生仁、酥黄豆剁细。

2. 锅入清水烧沸，放入凉粉焯水，捞出装入盘底，鸡片摆放在上面。

3. 锅入油烧热，加入豆瓣、豆豉蓉炒香，盛入碗中。炒香的豆瓣加入盐、冷鲜汤、香油、葱花、酱油、辣椒油、白糖、花椒粉调成味汁，淋在鸡片上，撒花生仁、黄豆、葱花即可。

口水鸡 〔凉〕

原料 仔公鸡400克，黑芝麻、油酥花生仁各50克

调料 葱花、香菜叶、花生酱、冷汤鸡汁、花椒粉、辣椒油、香油、盐各适量

做法

1. 黑芝麻炒香，油酥花生仁砸成碎末。

2. 仔公鸡处理干净，放入沸水汤锅中煮至刚熟时捞起，凉冷后斩成5厘米长、1厘米宽的条，装入盘中。

3. 用香油把花生酱搅散，加入盐、辣椒油、冷鸡汤汁、花椒粉、黑芝麻、油酥花生仁拌匀，调成麻辣味汁，淋在鸡肉上，撒上葱花、香菜叶装饰，上桌即可。

椒麻鸡块 （凉）

原料 净鸡1只

调料 葱段、香葱末、姜片、花椒、冷汤、香油、酱油、盐各适量

做法

1. 净鸡洗净，放入锅中，加入姜片、葱段煮至刚熟时，捞起凉凉，再斩成长条块，盛入碗中。

2. 花椒、盐在菜板上剁细，放入碗中，加酱油、香油调成椒麻汁。

3. 将椒麻汁淋在鸡块上，撒上葱末，拌匀即可。

木姜子香鸡 （凉）

原料 白条鸡300克，青、红辣椒各30克

调料 葱段、姜末、蒜末、鲜木姜子、糟辣酱、米水酸汤、料酒、盐各适量

做法

1. 白条鸡洗净，放入盐、姜块、葱段、料酒腌制25分钟。青辣椒、红辣椒洗净，切成圈。

2. 锅入清水烧沸，放入鸡肉小火煮15分钟，关火，浸泡15分钟，捞出放凉，切块。

3. 另起锅倒入米水酸汤，放入姜末、蒜末、糟辣酱、鲜木姜子、辣椒圈烧沸，放入盐搅匀，即成味汁。

4. 取一大盘，码入鸡块，摆成鸡的形状，再浇入味汁即可。

香飘怪味鸡 （凉）

原料 熟鸡肉100克，酥黄豆50克

调料 葱白、熟芝麻、芝麻酱、花椒粉、辣椒油、香油、酱油、醋、白糖、盐各适量

做法

1. 芝麻酱加入香油，调匀。葱白洗净。酥黄豆用刀剁成粒。

2. 将盐、酱油、白糖、醋、芝麻酱调匀成咸鲜咸甜酸味，再加入辣椒油、花椒粉、香油调匀成复合味的怪味汁。

3. 葱白切成0.5厘米粗的丝，放入盘中。鸡肉切粗丝，放在葱丝上面，淋上怪味汁，再撒入黄豆粒、熟芝麻即可。

原料 嫩鸡1只（重约750克），净莴笋肉100克

调料 葱结、姜片、姜末、蒜泥、芥末粉、植物油、米醋、黄酒、白糖、盐各适量

做法

1. 嫩鸡除去内脏洗净，放入沸水锅中，加入葱结、姜片，酱酒煮沸，转小火焖15分钟，捞出凉凉后除骨，切成长条。

2. 莴笋洗净，切成条，用少许盐腌渍入味，沥去水分。

3. 将芥末粉用温水、米醋调拌，再加入植物油、白糖调匀，盖上盖子，放入沸水锅中焖30分钟，制成芥末糊。把鸡肉条、莴笋条、姜末、蒜泥装入盘中，淋入芥末糊，拌匀即可。

芥末鸡条（凉）

白斩鸡（凉）

原料 三黄鸡1只（1000克）

调料 姜片、葱花、蒜末、香油、酱油、白醋、白糖、盐各适量

做法

1. 三黄鸡洗净，放入沸水中氽水，捞出。

2. 锅中加入水烧开，放入姜片、葱花、三黄鸡，慢火烧20分钟，将鸡肉浸透煮熟，捞出。

3. 姜片切成末。葱花切成末。锅中放入葱末、姜末、蒜末，再加入盐、香油、白糖、白醋、酱油，加入煮鸡的鲜汤调匀，淋在鸡肉上即可。

盐水鸡（凉）

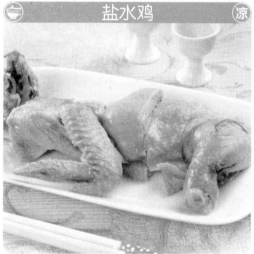

原料 嫩鸡400克，泡菜100克

调料 白卤汁、盐各适量

做法

1. 嫩鸡洗净，放入沸水中氽水，捞出。

2. 白卤汁用旺火煮滚，放入盐、嫩鸡略煮，撇去浮沫，改用小火将鸡肉卤至熟嫩，捞出，沥干放凉。

3. 将嫩鸡肉切成块，淋上卤汁，装入盘中即可。

红油明笋鸡 （凉）

原料 土公鸡200克，雪笋50克

调料 香菜段、姜末、蒜末、刀口辣椒末、辣椒油、花椒油、香油、酱油、盐各适量

做法

1. 土公鸡处理干净，放入锅中煮熟，凉凉，改刀成块。

2. 雪笋用温水浸泡洗净，上笼蒸制，待雪笋回软，改刀成3厘米长的丝状。

3. 将土鸡块加姜末、蒜末、刀口辣椒末、花椒油、辣椒油、酱油、香油、盐、笋丝一起拌匀，放入盘中，撒上香菜段即可。

柠香鸡 （凉）

原料 白条仔鸡400克

调料 葱段、姜片、柠檬片、胡椒粉、植物油、香油、酱油、料酒、盐各适量

做法

1. 白条仔鸡洗净，沥水，用盐将鸡身搓一遍，放入盆中，加入葱段、姜片腌4个小时，拣出葱段、姜片，再用料酒擦遍鸡身。

2. 锅入油烧热，放入仔鸡炸至呈金黄色，捞出。

3. 原锅入香油烧热，放入葱段、姜片煸出香味，再加入料酒、酱油、盐、胡椒粉、水、柠檬片搅匀，放入仔鸡，烧沸后撇净浮沫，改小火煮熟，关火放冷。捞出仔鸡，切块，装入盘中，淋上原汁、香油即可。

辣子鸡 （热）

原料 净鸡肉150克

调料 葱段、蒜片、干椒段、香辣酱、水淀粉、蚝油、红油、植物油、香油、酱油、米醋、料酒、盐各适量

做法

1. 鸡肉洗净，切成鸡丁，盛入碗中，放少许酱油、盐、水淀粉抓匀上浆，再放少许油。

2. 锅入油烧热，下入鸡丁过油，使鸡丁全部散开，捞出。将油继续烧热，再将鸡丁下锅炸至呈金黄色，倒入漏勺中沥尽油。

3. 锅留底油烧热，放入红油、干椒段、蒜片、香辣酱、葱段炒香，下入鸡丁炒匀，加入料酒、米醋、盐、蚝油拌炒入味，勾水淀粉，淋香油即可。

原料 童子鸡300克，杭椒50克

调料 葱段、姜片、蒜片、干辣椒段、鲜花椒、熟花生米、香辣酱、红油、色拉油、香油、料酒、白糖、盐各适量

做法

1. 童子鸡洗净，剁方块，加入葱段、姜片、蒜片、料酒、盐腌渍10分钟。杭椒洗净，切段。

2. 锅入色拉油烧热，放入鸡块小火浸炸3分钟至呈金黄色，捞出控油。

3. 锅留余油烧热，放入干辣椒段、鲜花椒、杭椒块、葱段、姜片、蒜片、香辣酱煸香，下入鸡块旺火翻炒1分钟，用白糖调味，淋红油、香油，出锅，装入烧热的干锅中，撒熟花生米即可。

干锅辣子鸡 热

干锅土家鸡 热

原料 土公鸡300克，芹菜50克

调料 葱末、姜末、干辣椒节、郫县豆瓣、豆豉、花椒、火锅料、卤水、五香粉、精炼油、猪油、香油、料酒、白糖、盐各适量

做法

1. 芹菜洗净，切段。土公鸡洗净，斩成块装盘，加入盐、葱末、姜末、料酒拌匀，码味10分钟。

2. 锅入精炼油烧热，放入鸡肉炸干水分，捞出。锅留余油烧热，下入干辣椒节、花椒炒香，捞出。

3. 另起锅入油烧热，放入郫县豆瓣、葱末、姜末炒香，倒入卤水，下入火锅料烧沸，倒入鸡块，加入料酒、豆豉、五香粉、花椒、芹菜段、白糖、香油炒匀，翻炒至汤干，捞出装盘即可。

炸熘仔鸡 热

原料 童子鸡1000克，青辣椒35克

调料 蒜末、水淀粉、熟猪油、酱油、醋、白糖各适量

做法

1. 童子鸡处理干净，鸡胗、鸡肝切成小块，用酱油、水淀粉浆拌好。青辣椒洗净，切成段。

2. 碗中放入酱油、醋、白糖、水淀粉调成卤汁。

3. 锅入油烧热，放入鸡肉、鸡胗、鸡肝炸至金黄色捞出。再下锅复炸至呈金红色，倒入漏勺沥去油。

4. 原锅留油烧热，放入蒜末、青辣椒段煸香，倒入卤汁浇开，放入鸡肉、鸡胗、鸡肝，将锅颠翻几下，淋上熟猪油，起锅装盘即可。

干炒辣子鸡 热

原料 鸡1只（600克）

调料 葱段、姜片、蒜片、花椒、干辣椒、熟芝麻、食用油、料酒、白糖、盐各适量

做法

1. 鸡洗净，切成小块，放入盐、料酒拌匀，放入八成热的油锅中炸至外表变干，待呈深黄色，捞起备用。

2. 干辣椒洗净，切成3厘米长的段。

3. 另起锅入油烧至七成热，下入姜片、蒜片炒出香味，放入干辣椒段、花椒翻炒，待油变黄后，倒入炸好的鸡块，炒至鸡块均匀地分布在辣椒中，撒入葱段、白糖、熟芝麻炒匀，出锅装盘即可。

观音茶香鸡 热

原料 光家鸡1只，上等铁观音200克，蒜苗50克，香芹30克

调料 红辣椒碎、植物油、白糖、盐各适量

做法

1. 鸡洗净剁件，入油锅炸至呈金黄色，捞出。

2. 蒜苗、香芹洗净、切段。

3. 锅入油烧热，下铁观音炸熟，捞出。

4. 原锅留油烧热，放蒜苗、香芹炒匀，加盐、鸡块、白糖、铁观音翻炒至熟，出锅装盘，撒红辣椒碎即可。

豆仔蒸滑鸡 热

原料 土鸡半只，土豆300克，青、红椒丝各50克

调料 姜片、豆瓣酱、大米粉、植物油、胡椒粉、老抽、盐各适量

做法

1. 土鸡处理干净，剁成小块，用姜片、盐、老抽腌渍片刻。土豆洗净，去皮，切块。将土豆和鸡块放在一个大容器里，加豆瓣酱、大米粉和少量油拌匀。

2. 蒸锅加水烧热，将土豆铺在蒸格上，鸡块铺在土豆上面，蒸40~50分钟。

3. 将土豆拣出铺在碗底，鸡块铺在上面，撒上胡椒粉、青红椒丝即可。

原料 鸡半只，洋葱、番茄各100克，甘笋50克，
罐装水蜜桃6个

调料 香葱、干葱蓉、姜蓉、姜汁、胡椒粉水、生
粉、芡汁粉、植物油、白糖、盐各适量

做法

1. 鸡洗净，去骨切块，用干葱蓉、姜蓉、盐、白
糖、姜汁、生粉、胡椒粉水腌半小时以上，沥
干，用热油炸至呈微黄色，捞起沥干油分。

2. 洋葱去皮洗净，切片。番茄洗净，切块。水蜜
桃切块。甘笋去皮洗净，切片。

3. 锅入油烧热，爆香葱、洋葱片、番茄块，下芡
汁粉煮滚，再下甘笋片、水蜜桃块炒匀，浇在
炸好的鸡块上即可。

桃鸡煲 热

香烤蒜香鸡 热

叉烧鸡 热

原料 三黄鸡500克，芹菜50克，青椒1个

调料 葱、姜、蒜、香菜、料酒、麦芽糖、盐各
适量

做法

1. 三黄鸡去内脏洗净。蒜做成蓉，加冷开水兑成
蒜水。

2. 香菜、芹菜、青椒、姜、葱、盐、料酒和三黄
鸡一起腌渍2小时，将鸡捞出，在表面抹上麦芽
糖，风干。

3. 烤箱预热至160℃，放入腌渍好的鸡烤40分钟，
然后将烤箱调至200℃再高温烤3分钟，当鸡片
呈金黄色，取出剁块装盘即可。

原料 净童子公鸡1只（重约1500克），芽菜粒50
克，瘦肉丝100克

调料 葱丝、姜丝、花椒、植物油、酱油、料酒、
饴糖、盐各适量

做法

1. 公鸡洗净，内外抹上料酒、盐腌渍入味。

2. 锅入油烧热，放瘦肉丝炒散，加芽菜粒、花椒、
姜丝、葱丝、盐、酱油炒匀，装入鸡腹内，用竹
签将开口处封严，放通风处吹干水分。

3. 用沸水淋烫鸡身，待鸡皮受热紧缩时，撮干水，
将料酒、饴糖调匀，抹在鸡身上。

4. 将鸡放入烤箱烤熟，剁块装盘即可。

浏阳河鸡 〔热〕

原料 土公鸡1只，路边筋15克，黄芪10克，干紫苏梗30克，西芹段10克

调料 姜、鲜汤、植物油、白酒、盐各适量

做法

1. 土公鸡处理干净，剁成3厘米见方的块。

2. 将路边筋、黄芪、干紫苏梗洗净。姜切成3厘米长、1厘米宽、0.2厘米厚的片。

3. 锅入植物油烧热，下入姜片煸香，再放入土公鸡用旺火煸炒，烹入白酒，放路边筋、黄芪、干紫苏梗翻炒，加入鲜汤、盐，烧开后撇去浮沫，倒入罐子内用文火烧20分钟至鸡肉软烂，拣出路边筋、干紫苏梗，倒入锅内，用旺火收干汤汁，装盘即可。

平锅螺丝鸡 〔热〕

原料 土母鸡300克，田螺、青杭椒节、红杭椒节各100克

调料 调料A（八角、桂皮、干椒节、生姜、花椒、辣妹子酱）、调料B（蒜末、荆沙豆瓣、荆沙辣酱、四川泡椒、砂仁、耗油、盐、杭椒节、十三香、孜然粉）、香菜段、鲜汤、猪油、香油各适量

做法

1. 土母鸡肉洗净，切块。田螺放沸水中汆水捞出。

2. 锅入油烧热，放鸡块、田螺煸炒，加入调料A，加鲜汤烧开，出锅，装高压锅内文火压10分钟，出锅。将压好的原料放入炒锅内，加入调料B文火烧5分钟，出锅装平锅内，淋香油，撒香菜、青红杭椒节点缀即可。

豆豉鸡条 〔热〕

原料 鸡肉500克

调料 葱花、豆豉、鲜汤、精炼油、料酒、白糖、盐各适量

做法

1. 鸡肉洗净，改刀成6厘米长、1.5厘米粗的条。

2. 锅置中火上，加精炼油烧至70℃时放入豆豉炒至酥香，起锅装碗备用。

3. 锅置旺火上，加精炼油烧至150℃时，下鸡肉炸至色泽金黄酥香时，沥出多余的油，倒入鲜汤，放盐、白糖、料酒调味，旺火烧至收汁入味，下豆豉炒入味，装入盘内，撒上葱花即可。

原料 嫩鸡1只，青椒、红辣椒各50克

调料 姜块、蒜片、香油、酱油、料酒、白糖、盐各适量

做法

1. 鸡洗净，切块，沥干。

2. 青椒、红辣椒去蒂、籽，洗净，切三角形块。

3. 锅入香油烧至六成热，放入姜块煸香，倒入鸡块、蒜片翻炒，加料酒、酱油、白糖、盐调味，盖上盖，焖20分钟，旺火收汁，出锅装盘即可。

三杯鸡 热

辣椒焖鸡 热

东安炒鸡 热

原料 土鸡1000克，小青尖椒50克

调料 葱段、姜片、啤酒、茶油、盐各适量

做法

1. 土鸡宰杀，去毛、内脏，冲去血水，改刀成块状。小青尖椒洗净，切为斜段。

2. 锅入茶油烧热，放葱段、姜片煸香，放入鸡块猛火翻炒干水分，加入啤酒、矿泉水焖至脱骨。

3. 青尖椒入油锅炒香，加鸡原汤、鸡块烧开，调入盐即可。

原料 小母鸡1只

调料 姜丝、红辣椒丝、花椒、植物油、米醋、绍酒、盐各适量

做法

1. 小母鸡洗净，放入汤锅内煮至七成熟，捞出，剁成块，鸡汤留用。花椒炒熟，备用。

2. 锅入油烧至八成热，下姜丝、绍酒、盐、红辣椒丝，倒入米醋炒香，再倒入鸡块，旺火烧开，中火焖1分钟左右至汤汁快干时，倒入鸡汤，改旺火，翻勺几下，烧开后焖2~5分钟，至汤汁浓稠，放花椒炒匀，装盘即可。

醋焖鸡三件 热

原料 鸡胗、鸡翅、鸡爪各200克

调料 葱花、姜末、红辣椒末、干辣椒末、水淀粉、熟猪油、醋、黄酒、盐各适量

做法

1. 鸡胗切成两块，撕去内筋，洗净，每块在肉厚的部位横刻几刀，再切成小块。鸡翅从中间骨节处砍成两段。鸡爪去老皮、爪尖。

2. 鸡翅、鸡爪投入沸水中氽水，冷水过凉，沥干，与鸡胗一起盛入瓦钵中，加干辣椒末、红辣椒末、醋、黄酒、盐、姜末，入笼蒸1小时。

3. 锅入熟猪油烧热，倒入鸡翅、鸡爪、鸡胗、原汁，焖2分钟，用水淀粉勾芡，撒葱花，出锅装盘即可。

黄焖鸡块 热

原料 仔鸡1只，冬笋50克，水发香菇25克

调料 葱、姜、八角、高汤、植物油、葱油、酱油、料酒、白糖、盐各适量

做法

1. 鸡洗净，去头、爪，剁成块。葱洗净切段。姜洗净拍松。冬笋、香菇洗净切厚片。

2. 锅入油烧热，将鸡块蘸酱油放入，炸成金黄色，捞出控油。

3. 锅留油烧热，加葱、姜炸出香味，加高汤、鸡块、料酒、白糖、八角急火烧开，去浮沫，盖锅盖，微火焖至鸡块熟烂，去掉葱、姜，加香菇、冬笋、盐、葱油焖熟即可。

栗子鸡 热

原料 仔鸡1只，栗子80克

调料 葱段、淀粉、高汤、植物油、香油、酱油、料酒、盐各适量

做法

1. 仔鸡处理干净，剁成块，加盐、淀粉拌匀。栗子加料酒、酱油、淀粉调匀。

2. 锅入油烧热，将鸡块、栗子分别放入油锅炸半分钟，捞出沥油。

3. 锅留少许底油烧热，放葱段煸炒，放鸡块、栗子，放高汤，烧至鸡肉、栗子肉熟烂，淀粉勾薄芡，淋香油，出锅即可。

原料 光仔鸡1只（约600克）

调料 葱段、姜、姜末、鸡汤、红油、料酒、醋、盐各适量

做法

1. 仔鸡处理干净，加料酒、葱段、姜片，煮到断生后捞出，用凉开水冲凉，改刀成一指条形，码放于碗内（皮朝下）。

2. 姜拍碎剁成泥，用鸡汤过滤，鸡汤中加入盐，倒入鸡肉碗中。

3. 鸡肉碗入笼屉中蒸10分钟取出，扣于盘中，揭去扣碗。

4. 锅入油，加姜末用文火煸炒香，烹入醋、红油、葱段，浇于鸡肉上即可。

姜汁热窝鸡 （热）

家乡鸡 （热）

锅烧鸡 （热）

原料 小公鸡1只

调料 面包糠、鸡蛋液、淀粉、辣椒粉、胡椒粉、植物油、盐各适量

做法

1. 小公鸡取肉厚带骨的部分，剁成大块，加辣椒粉、胡椒粉、盐腌渍12小时。

2. 将鸡蛋液、淀粉调成蛋糊，倒入鸡块拌匀，滚匀面包糠。

3. 锅内加植物油烧至140℃，放入鸡块炸熟，捞出沥油，装盘，盘底抹两道辣椒粉装饰即可。

原料 鸡750克，鸡蛋4个

调料 卤料包、姜汁、面粉、淀粉、色拉油、料酒、花椒盐、盐各适量

做法

1. 鸡去内脏，洗净。放入水中，加卤料包卤至八成熟，捞出去骨，放在平盘内，加入姜汁、料酒、盐，再上蒸锅蒸熟取出，两面蘸上面粉备用。

2. 鸡蛋打散，加入盐、淀粉、料酒调制成鸡蛋糊备用。

3. 锅入油烧至五六成热，将裹好面粉的鸡肉蘸上鸡蛋糊逐块放入油锅中，炸至熟透后捞出，控去油，蘸花椒盐食用即可。

鲜蘑蒸土鸡 热

原料 土鸡1只，金针菇100克

调料 葱段、姜片、干淀粉、植物油、料酒、红糖、盐各适量

做法

1. 土鸡洗净，去除内脏，剁成块。金针菇洗净，去根备用。

2. 土鸡块加盐、红糖、料酒腌渍入味，加干淀粉、油拌匀放入碗中。

3. 金针菇放在鸡块上，加葱段、姜片，上蒸锅旺火蒸30分钟即可。

剁辣椒蒸鸡 热

原料 净鸡300克，剁辣椒75克

调料 葱花、姜末、蒜末、蚝油、植物油、红油、香油、料酒、白糖、盐各适量

做法

1. 净鸡洗净，剁成3厘米见方的块，加入料酒、盐腌渍入味，将鸡块放入沸水中汆水，捞出沥干水。

2. 剁辣椒盛入碗中，放油、蚝油、白糖、红油，加入姜末、蒜末拌匀后，再放入鸡块拌匀，使剁辣椒都裹在鸡块上，上笼蒸15分钟至鸡块酥烂后取出，淋香油，撒葱花即可。

腊肉蒸鸡块 热

原料 净鸡块250克，熟腊肉150克，豆豉辣椒料30克

调料 葱花、姜末、蒜末、干椒末、豆豉、蚝油、植物油、盐各适量

做法

1. 鸡块放入沸水锅中汆水，捞出沥干。腊肉切成厚片。

2. 锅入油烧热，下姜末、干椒末、豆豉、蒜末、盐，放蚝油，拌匀后下鸡块、腊肉片，再拌匀，盛入钵中，将豆豉辣椒料撒在鸡块上。

3. 将钵上笼蒸30分钟至腊肉透油、鸡块酥烂后取出，撒葱花即可。

原料 乌鸡1只，香菇、蜜枣各80克

调料 姜块、枸杞、料酒、白糖、盐各适量

做法

1. 蜜枣洗净，切块。
2. 乌鸡洗净切小块，放入盆中，调入料酒、白糖、盐、姜块、蜜枣、枸杞、香菇，搅拌均匀。
3. 盆中加适量水，上笼蒸30分钟即可。

蜜枣蒸乌鸡 热

豆豉辣椒蒸鸡 热

红火蒸鸡 热

原料 带骨白条鸡500克，豆豉辣椒料30克

调料 葱花、蚝油、鲜汤、料酒、盐各适量

做法

1. 鸡肉的一面用刀背捶松，划开腿肉，把鸡砍成3厘米见方的块。
2. 将鸡块入沸水中汆水，去掉血水腥气，捞出沥干水。
3. 将鸡块拌入盐、料酒、蚝油、葱花、鲜汤，扣入蒸钵中，将豆豉辣椒料撒在鸡块上，上笼蒸25分钟至熟后取出。

原料 熟公鸡半只，香菇100克

调料 葱段、姜片、泡红辣椒、花椒、醪糟、鸡汤、水淀粉、胡椒粉、色拉油、酱油、白糖各适量

做法

1. 熟公鸡剁成条状，将鸡皮朝下整齐放进蒸碗。
2. 香菇洗净切片，放鸡块上，淋上事前用姜片、葱段、花椒、醪糟、胡椒粉、白糖、酱油、鸡汤调好的味汁。放进笼屉旺火蒸15分钟左右，取出翻扣在菜盘中。
3. 锅入色拉油烧热，下入泡红辣椒、姜片、葱段炒出香味，加鸡汤，用水淀粉勾清芡，浇于鸡块上即可。

红蒸酥鸡

热

原料 母鸡300克，净荸荠片、水发木耳各100克，鸡蛋1个，小麦面粉50克

调料 葱段、姜片、清汤、胡椒粉、植物油、熟猪油、酱油、黄酒、盐各适量

做法

1. 母鸡洗净，切块，放钵内，加盐稍腌。鸡蛋磕入面粉内拌匀，鸡块上浆。水发木耳洗净撕块。

2. 锅入植物油烧热，放入鸡块炸5分钟，用漏勺捞出，码入碗内，加清汤、盐、葱段、姜片，放蒸屉中旺火蒸1小时取出，滗出汤汁翻扣入盘。

3. 锅中加熟猪油烧热，倒入蒸鸡汤汁、荸荠片、黑木耳、酱油、黄酒、胡椒粉烹烧2分钟，待汤汁收浓，浇在鸡块上即可。

魔芋鸡

热

粉蒸嫩鸡

热

原料 净母鸡1只，魔芋豆腐200克，豌豆苗100克，鸡蛋2个

调料 葱段、姜片、枸杞、胡椒粉、蚕豆粉、植物油、盐各适量

做法

1. 净母鸡去爪，用盐抹匀，放葱段、枸杞、姜片，上笼屉蒸2小时取出，鸡汤倒入另一碗内。

2. 魔芋豆腐切条，放入沸水中煮2分钟，使之紧缩，捞起，沥干水分。鸡蛋磕入碗中打散，加盐、蚕豆粉调匀，将魔芋豆腐裹匀挂糊。

3. 锅入油烧热，放入魔芋豆腐炸熟透捞出，与蒸好的鸡摆在瓷盘内。锅入鸡汤烧沸，加豌豆苗、盐、胡椒粉，烧沸后浇在鸡上即可。

原料 鸡肉400克，糯米粉100克

调料 葱、姜、高汤、胡椒粉、酱油、江米酒、盐各适量

做法

1. 鸡肉洗净，用刀面把肉拍松，切成块。葱、姜洗净，切末。

2. 鸡肉块装在碗内，加江米酒、姜末、葱末、盐、酱油、胡椒粉拌匀，腌2个小时。

3. 取大蒸碗一个，用糯米粉垫底，将腌好的鸡肉块连汁放入，再加入高汤拌匀，上蒸笼用旺火、沸水足气蒸1个小时，蒸至酥熟，出锅装盘即可。

美味西瓜鸡 热

原料 鸡肉500克，西瓜2000克，火腿片、香菇、笋片各100克

调料 葱段、姜块、枸杞、黄酒、盐各适量

做法

1. 香菇泡软，洗净，切块。笋片洗净。鸡肉剁成块，与葱段、枸杞、姜块、黄酒一起煮熟，拣去葱段、姜块，留鸡汤1000毫升备用。

2. 西瓜由上端1/5处切成瓜盖，挖出瓜肉。将西瓜皮放入沸水中略烫一下，再用凉水浸凉。

3. 将熟鸡块填入西瓜中，加香菇、笋片、火腿片、鸡汤、盐拌匀，盖上瓜盖，上蒸锅旺火蒸15分钟即可。

田七蒸鸡 热

原料 母鸡1只，田七适量

调料 葱段、姜片、清汤、黄酒、盐各适量

做法

1. 母鸡宰杀，去除内脏，洗净，剁成长方块，装入碗内。

2. 将田七一半研末，另一半蒸软后切成薄片。

3. 田七片分放于盛鸡的碗内，摆葱段、姜片各少许于田七片上，再分别加入清汤、黄酒、盐，上笼蒸约2小时。出笼后去葱、姜，并将余下田七粉分撒于各碗的汤中即可。

青花椒蒸鸡 热

原料 鸡半只

调料 葱、姜、青花椒、香油、酱油、醋、盐各适量

做法

1. 鸡洗净，剁成块，上火用开水煮至半熟，盛入碗中。

2. 将姜、葱分别切小段。

3. 锅入香油烧热，投入青花椒炸一下，变色后倒入盛鸡块的碗中，加酱油、醋、盐调匀。

4. 将姜段、葱段放在鸡块上，上笼蒸熟即可。

双耳蒸花椒鸡 热

原料 净白鸡1只，水发银耳、水发木耳各200克

调料 香葱叶、鲜花椒、甜椒粒、冷鲜汤、淀粉、蚝油、香油、酱油、盐各适量

做法

1. 净白鸡洗净，剁成块，加盐、冷鲜汤、蚝油、酱油、淀粉腌渍入味。水发银耳、水发木耳去根洗净，撕成片状，入沸水焯一下，摆在盘中，备用。

2. 将鸡肉放在双耳上，加香葱叶、鲜花椒，上笼蒸熟，撒甜椒粒，淋香油即可。

薯仔味道鸡 热

原料 土鸡300克，土豆150克，青椒、红椒各50克

调料 葱段、姜片、植物油、红油、郫县豆瓣酱、白糖、料酒、盐各适量

做法

1. 土鸡处理干净，剁成块，洗净沥干。

2. 土豆去皮洗净，切滚刀块。青椒、红椒去蒂、籽，切大片。

3. 锅入植物油、红油烧热，将郫县豆瓣酱煸香，下入青椒片、红椒片、鸡块、土豆块翻炒，加入清水、葱段、姜片、盐、白糖、料酒调味，煮沸后转文火煨至肉熟、土豆软糯即可。

小鸡炖蘑菇 热

原料 净笨鸡1只，水发榛蘑300克，宽粉100克，西芹叶5克

调料 葱段、姜块、花椒、八角、桂皮、高汤、植物油、酱油、料酒、白糖、盐各适量

做法

1. 净笨鸡肉洗净，剁成块，氽水，过凉水备用。

2. 锅入油烧热，放入葱段、姜块、花椒、八角、桂皮、鸡块煸炒，烹料酒，加高汤、盐、白糖、炖熟后放入榛蘑、酱油、宽粉，再炖片刻，放西芹叶出锅即可。

原料 净白鸡700克，菜心200克

调料 葱段、姜片、上汤、蚝油、蜂蜜、植物油、花雕酒、盐各适量

做法

1. 净白鸡入开水烫一下，捞出控干，洗净抹上蜂蜜。

2. 菜心洗净，过沸水，码在盘底。

3. 锅入植物油烧热，放入白鸡煎至呈黄色，捞出控油。

4. 锅留余油烧热，放葱段、姜片、花雕酒、上汤、蚝油、盐，放入整鸡，盖上盖，用文火煨熟，取出，剁成块，摆在菜心上面即可。

花雕鸡 （热）

淮杞炖乌鸡 （汤）

原料 鲜嫩乌鸡1只（重约500克），淮山片50克，红枣、枸杞各40克

调料 葱、姜、胡椒粉、料酒、盐各适量

做法

1. 乌鸡收拾干净，切块，放入开水锅中稍煮，捞出控水。

2. 葱洗净，切片。姜切片。

3. 将乌鸡、葱片、姜片、红枣、枸杞、淮山片放入锅中，加入开水1000克，旺火烧开后，放入料酒、盐和胡椒粉，转文火慢炖，待乌鸡软烂入味即可。

巴蜀山寨鸡 （汤）

原料 老母鸡1只，猪蹄400克，香菇150克

调料 葱、姜、胡椒、鲜汤、料酒、盐各适量

做法

1. 猪蹄洗净，剁成块。

2. 老母鸡宰杀洗净，剁成块，余去血污。

3. 香菇洗净。葱切段。姜切块。

4. 砂锅中倒入鲜汤，放姜块、葱段、鸡块、猪蹄块、料酒、盐、香菇、胡椒烧沸，打去浮沫，拣出姜块、葱段，用文火炖至鸡烂、猪蹄脱骨即可。

滋补乌骨鸡 _汤

原料 乌骨鸡1只

调料 葱、姜、蒜、大枣、枸杞、当归、黄芩、沙参、白汤、胡椒粉、精制油、料酒各适量

做法

1. 姜、蒜切片。葱切成斜段。当归、黄芩切片。

2. 乌骨鸡宰杀，去毛、内脏、头、脚，剁成大块，入汤锅汆水捞起。

3. 炒锅入油烧热，放姜片、蒜片、乌骨鸡炒香，倒入白汤，放料酒、胡椒粉、当归片、黄芩片、大枣、枸杞、沙参，烧沸炖熟，除净浮沫，倒入火锅盆即可。

河蚌炖风鸡 _汤

原料 仔鸡半只，净河蚌肉500克，莴笋块250克

调料 葱花、葱末、姜末、干辣椒、胡椒粉、料酒、盐各适量

做法

1. 仔鸡洗净，剁成块，汆水。河蚌尖肌肉拍松，切成块。

2. 砂锅中放入清水，放入干辣椒、姜末、葱末、料酒、仔鸡块烧沸，去浮沫，文火炖1小时，加入河蚌肉、莴笋块、料酒、盐烧沸，去浮沫后中火炖10分钟，撒胡椒粉、葱花即可。

桂圆仔鸡 _汤

原料 仔鸡1只，桂圆肉250克

调料 枸杞、白酱油、料酒、盐各适量

做法

1. 仔鸡宰杀后去毛，剖腹去杂，剁去鸡爪，放入沸水中略烫后捞出，用清水冲洗干净。

2. 桂圆肉洗净，备用。

3. 将砂锅放火上，加入清水、仔鸡、料酒，煮至八成熟时加入桂圆肉、枸杞、白酱油、盐，文火炖约30分钟即可。

原料 虎头鸡300克，鸡蛋1个，鹅肝菌、鸡腿菇各50克

调料 葱丝、姜丝、蒜片、面粉、高汤、花生油、酱油、料酒、白糖、盐各适量

做法

1. 虎头鸡洗净，剁成块，加酱油、料酒、盐、白糖，腌一下，用手抓均匀，然后滚一层薄面粉，把鸡放入盆内，再把鸡蛋打在鸡块上，挂一层糊。
2. 锅入花生油烧热，把鸡块入锅炸成金黄色时捞出沥油。锅留底油烧热，放鹅肝菌、鸡腿菇炒香，下入炸好的鸡块，放入高汤、葱丝、姜丝、盐、蒜片、料酒、白糖炖烂，装盘即可。

珍菌虎头鸡 汤

猴黄老鸡煲 汤

原料 母鸡1只，水发猴头菇100克，黄芪25克，枸杞15克

调料 葱姜汁、料酒、盐各适量

做法

1. 母鸡宰杀，除去内脏，洗净，剁去爪。
2. 猴头菇洗净，切成厚0.3厘米厚的片。黄芪洗净，切小片。
3. 砂锅内依次放清水、料酒、葱姜汁、黄芪、枸杞、母鸡，旺火烧开，撇去浮沫。
4. 改文火炖约2小时后，放入猴头菇再煲半小时，用盐调味即可。

养身盖骨童子鸡 汤

原料 童子鸡1只，鲜猪腿骨2根，枸杞、红枣、蚕豆各15克

调料 姜末、清汤、胡椒粉、鸡油、盐各适量

做法

1. 鲜猪腿骨洗净，一剁两节，入沸水汆透，捞出冲凉备用。
2. 童子鸡宰杀，除去内脏，洗净，用刀背砍几刀使整鸡骨架断开。
3. 锅入鸡油烧热，炒香姜末，加入猪腿骨、清汤、红枣、枸杞、蚕豆烧开，撇去浮沫，加盐，改文火煨至蚕豆半熟，下童子鸡煨至熟透，加盐、胡椒粉调味即可。

清炖人参鸡 （汤）

原料 仔鸡1只，人参1个，菜心30克

调料 枸杞、清汤、胡椒粉、绍酒、盐各适量

做法

1. 仔鸡处理干净，取头、脖、小翅，汆水后再次洗净。人参用刷子刷净泥沙（注意不要把根须弄断），洗净。菜心洗净。

2. 将仔鸡、人参放入砂锅内，倒入清汤，用盐、枸杞、胡椒粉、绍酒调好口味，盖上锅盖，上笼中火蒸约1小时，至鸡肉熟烂时，连同砂锅一起上桌即可。

蘑菇炖鸡 （汤）

原料 净嫩鸡1只，鲜平菇、菜心各250克

调料 葱段、姜片、枸杞、清汤、料酒、盐各适量

做法

1. 鲜平菇择洗干净。菜心洗净，入开水锅中烫熟，备用。

2. 净嫩鸡处理干净，剁成小块，入沸水中汆去血污。

3. 锅置火上，加清汤、鸡块、料酒、枸杞、葱段、姜片，旺火烧开，转文火炖煮片刻，加入平菇、盐炖至鸡熟烂，加入菜心，出锅即可。

船娘煨鸡 （汤）

原料 母鸡1只，虾肉125克，净草鱼肉125克

调料 葱末、姜末、蛋清、胡椒粉、淀粉、猪油、料酒、盐各适量

做法

1. 母鸡从肛门处直切一刀，取出内脏，洗净。

2. 净鱼肉、虾肉分别用刀背剁成细泥，加盐、淀粉、蛋清、猪油、胡椒粉、料酒、水，搅拌成糊状。

3. 锅入冷水，将拌好的鱼肉泥、虾肉泥分别挤成丸子，放入锅中烧开，待丸子浮起捞出。

4. 将鸡放入砂锅内，加清水、葱末、姜末、料酒，用文火把鸡煨烂，加入鱼丸和虾丸烧开即可。

鸡胸

鸡胸肉是在胸部里侧的肉，形状像斗笠。肉质细嫩，滋味鲜美，营养丰富，能滋补养身。鸡胸肉加入适量的水淀粉上浆，可以让鸡胸肉无比滑嫩。鸡胸肉加入蛋清拌匀，也可以使鸡胸肉变得滑嫩。

营养功效：温中益气、补虚填精、健脾胃、活血脉、强筋骨。

选购技巧：新鲜的鸡胸肉肉质紧密，有轻微弹性。不新鲜的鸡胸肉摸起来比较软，没有弹性，甚至还会留下比较明显的手指摸过的痕迹。

原料 熟鸡胸肉150克

调料 葱白、芝麻酱、花椒粉、辣椒油、香油、酱油、醋、白糖各适量

做法

1. 葱白洗净，切丝。熟鸡胸肉用手撕成细丝。

2. 将芝麻酱、酱油、醋、白糖调匀成咸鲜甜酸味汁，再加辣椒油、花椒粉、香油调匀成味汁。

3. 将鸡丝、葱丝装入盘内，再淋上调好的怪味汁即可。

棒棒鸡丝 凉

芥末鸡丝 凉

怪味鸡 凉

原料 盐焗鸡胸肉100克

调料 葱花、花生米碎、干芥末粉、红酱油、辣椒油、精炼油、醋、盐各适量

做法

1. 将芥末粉用热水浸发，入清水锅中煮熟，捞出凉凉。盐焗鸡胸肉用手撕成丝，备用。

2. 芥末粉装入碗中，加入精炼油、盐、红酱油、醋、辣椒油、鸡丝拌匀，装盘，撒上花生米碎、葱花即可。

原料 鸡胸肉300克

调料 花椒粉、辣椒油、香油、酱油、醋、白糖、盐各适量

做法

1. 鸡胸肉洗净，放入沸水汤锅中煮熟，捞出凉凉，切成6厘米长、2厘米宽的条。

2. 将盐、酱油、香油、辣椒油、花椒粉、白糖、醋调成怪味汁，与鸡条拌匀，装盘即可。

鸡蓉菠菜 （凉）

原料 菠菜400克，熟鸡胸肉200克

调料 甜面酱、鲜汤、水淀粉、精炼油、料酒、盐各适量

做法

1. 菠菜清洗干净，切成6厘米长的段。将熟鸡胸肉剁成蓉。

2. 锅置旺火上烧热，加精炼油放入鸡蓉煸炒至干香色黄，加甜面酱、盐、料酒炒匀，倒入鲜汤烧沸入味后，用水淀粉收汁，制成鸡蓉酱，凉凉备用。

3. 菠菜放入沸水中焯至断生，捞出凉凉备用。

4. 将凉凉后的菠菜堆码整齐，放入盘内，浇淋鸡蓉酱即可。

玉骨鸡脯 （热）

原料 鸡胸肉250克，冬笋100克，蛋清1个

调料 熟青豆粒、沙司、水淀粉、色拉油、盐各适量

做法

1. 鸡胸肉洗净，切片，加盐、水淀粉、蛋清上浆，备用。

2. 冬笋洗净，切条。用鸡片裹住冬笋条。

3. 锅入油烧至四成热，放入裹好鸡片的冬笋条，滑熟，备用。

4. 锅内留底油烧热，倒入沙司、盐熬好，倒入鸡卷，炒匀装盘，点缀熟青豆粒即可。

腰果鸡丁 （热）

原料 鸡脯肉400克，腰果10克，鸡蛋清1个

调料 辣椒、辣椒酱、淀粉、熟油、黄酒、白糖、盐各适量

做法

1. 鸡脯腿肉洗净，切丁，加黄酒、蛋清、淀粉拌匀。辣椒洗净，连籽剁成末。

2. 锅入油烧至五成热，放入鸡丁滑散，待泛白，倒入漏勺中控油。

3. 炒锅再放少量沥出的油烧热，下辣椒末，用文火煸出红油，放入腰果、黄酒、白糖、辣椒酱、盐、鸡丁炒匀即可。

原料 鸡胸肉、年糕各200克，彩椒50克，鸡蛋1个

调料 葱片、姜片、柠檬汁、鸡粉、团粉、水淀粉、植物油、料酒、白糖、盐各适量

做法

1. 鸡胸肉洗净，切片，加鸡蛋、水、盐、团粉拌匀浆好。

2. 年糕切薄片。彩椒洗净，切菱形块。

3. 锅入油烧热，下鸡片滑熟，捞出，下年糕滑油，放彩椒炒匀，捞出控油。

4. 锅留少许底油烧热，用葱片、姜片炝锅，放料酒、柠檬汁、水、盐、鸡粉、白糖烧开，用水淀粉勾芡，放鸡片、年糕、彩椒翻炒均匀，出锅即可。

凤脯炒年糕 （热）

干锅手撕鸡 （热）

原料 盐焗鸡胸300克，香芹100克

调料 葱段、姜片、香菜、干辣椒、白芝麻、孜然、干紫苏、豆瓣辣酱、草果、植物油、酱油、绍酒、盐各适量

做法

1. 香芹洗净，切小段。干辣椒切段。香菜洗净，切段。盐焗鸡胸肉撕成小条。

2. 锅入油烧热，放干辣椒段、孜然、姜片、葱段、草果、干紫苏爆香，下豆瓣辣酱翻炒片刻，放鸡条炒匀，放香芹段，调入绍酒、盐、酱油炒制入味，撒白芝麻，放香菜段，盛入干锅中，边加热边食用即可。

花菇凤柳 （热）

原料 鸡胸肉、花菇、胡萝卜丝各200克，蛋清1个

调料 葱末、姜末、高汤、鸡粉、团粉、水淀粉、植物油、料酒、盐各适量

做法

1. 鸡胸肉洗净，切细丝，加蛋清、水、盐、团粉拌匀浆好。花菇洗净切丝备用。

2. 锅入油烧热，放入鸡丝，用筷子轻轻拨散滑熟，倒入漏勺控油。原锅入清水烧开，放入花菇焯水。

3. 锅留底油烧热，用葱姜末炝锅，放料酒、盐、鸡粉、高汤、鸡丝、胡萝卜丝、花菇烧一会儿，用水淀粉勾芡，出锅即可。

拔丝鸡盒 热

原料 鸡脯肉300克，豆沙馅150克，樱桃50克

调料 青椒碎、红椒碎、面粉、淀粉、植物油、白糖、碱各适量

做法

1. 鸡脯肉切片，蘸淀粉。面粉加水调匀，加适量碱，调成发面糊。青椒碎、红椒碎、豆沙馅拌匀，用手搓成小球。樱桃切丁。

2. 锅入油烧至六成热，在两片鸡片中加入豆沙球，做成鸡盒状，裹上发面糊，放油锅中炸至全部浮起、呈金黄色时捞出控油。原锅留油烧热加白糖、温水，熬炒至由稀变稠时，放入炸好的鸡盒颠翻，白糖汁均匀地裹在鸡盒上，出锅放在盛器里，撒上樱桃丁即可。

辣椒炒鸡丁 热

原料 鸡脯肉300克，红尖椒、青尖椒、鸡蛋清各1个

调料 葱末、姜末、水淀粉、高汤、花椒油、花生油、酱油、料酒、盐各适量

做法

1. 鸡脯肉洗净切方丁，加盐、蛋清、水淀粉拌匀。红尖椒、青尖椒洗净去蒂、籽，切丁。

2. 锅入花生油烧至五成热，下入鸡丁炒散，捞出控油。

3. 锅留底油烧至六成热，下葱末、姜末、青尖椒丁、红尖椒丁煸炒，加酱油、料酒、高汤、鸡丁翻炒，用水淀粉勾芡，淋花椒油炒匀即可。

辣味鸡丝 热

原料 鸡脯肉200克，笋尖、青椒100克

调料 葱丝、姜丝、干红椒、香菜、植物油、料酒、盐各适量

做法

1. 鸡脯肉洗净，切成细丝。青椒去蒂、籽，洗净，切成细丝。笋尖洗净，切丝，与青椒丝一起放入沸水中，烫一下捞出。香菜洗净，切段。干红椒切成丝。

2. 锅入植物油烧热，下入红椒丝炒出香味，加葱姜丝、鸡丝煸炒，再加青椒丝、笋丝、料酒、盐、香菜段煸炒至熟即可。

原料 鸡胸肉300克，酸萝卜100克

调料 姜丝、香菜、酸辣剁椒、玉米淀粉、酒、盐各适量

做法

1. 鸡胸肉洗净，切丁，用玉米淀粉、酒、盐腌渍片刻。

2. 酸萝卜切成丁。

3. 锅入油烧热，放姜丝爆香，放入鸡丁炒熟，再放入酸萝卜丁、酸辣剁椒，加盐调味，撒香菜炒熟即可出锅。

萝卜炒鸡丁 （热）

莴笋凤凰片 （热）

五彩炒鸡丝 （热）

原料 鸡脯肉片400克，莴笋200克，鸡蛋1个

调料 葱末、姜末、胡椒粉、水淀粉、植物油、料酒、白糖、盐各适量

做法

1. 鸡脯肉片洗净，用水淀粉、料酒拌匀。莴笋洗净，切成菱形片。

2. 锅入植物油烧热，下鸡片过油，等肉片变色后盛出。

3. 另起锅入植物油烧热，加葱末、姜末炒出香味，倒入莴笋片翻炒几下，再放入鸡片，调入盐、白糖、料酒、胡椒粉，加入水淀粉勾芡后，出锅即可。

原料 鸡胸肉200克，笋、彩椒、胡萝卜各50克，香菇20克，蛋清1个

调料 葱末、姜末、高汤、鸡粉、团粉、水淀粉、植物油、料酒、盐各适量

做法

1. 鸡胸肉洗净切丝，放蛋清、水、盐、团粉拌匀浆好。笋、香菇、胡萝卜、彩椒均洗净切丝。

2. 锅入油烧热，放鸡丝滑熟，下笋丝、香菇丝、胡萝卜丝、彩椒丝翻炒，倒入漏勺控油。

3. 锅留底油烧热，用葱末、姜末炝锅，放料酒、盐、鸡粉、高汤、鸡丝、笋丝、香菇丝、胡萝卜丝、彩椒丝炒匀，用水淀粉勾薄芡，炒匀，出锅装盘即可。

西蓝花炒鸡丁 （热）

原料 西蓝花150克，鸡胸肉250克

调料 蒜、淀粉、植物油、香油、生抽、白糖、盐适量

做法

1. 鸡胸肉洗净切丁，加入白糖、淀粉、生抽拌匀入味。蒜切末。

2. 西蓝花洗净，掰成小朵，用开水焯烫后捞出，备用。

3. 锅入油烧至三成热，加入盐微炒。

4. 待油七成热时倒入鸡丁、蒜末，炒出蒜香，放西蓝花、白糖、生抽，翻炒均匀，淋香油，即可出锅。

香糟鸡丝 （热）

原料 鸡胸肉300克，笋30克，西芹段15克

调料 葱末、姜末、蛋清、香糟汁、水淀粉、植物油、料酒、白糖、盐各适量

做法

1. 将鸡胸肉去筋膜，洗干净，切火柴棍样的丝，用蛋清、水、盐、团粉轻轻拌匀浆好。笋洗净，切成同鸡肉一样的丝。

2. 锅入油烧热，放鸡丝，用筷子轻轻拨散滑熟，放笋丝过油，一起倒入漏勺控油。

3. 锅留底油烧热，放葱末、姜末炝锅，放鸡丝、笋丝、西芹段、料酒、白糖、盐、水、香糟汁烧透。用水淀粉勾芡，炒匀，出锅装盘即可。

香槟水滑鸡 （热）

原料 鸡胸肉300克，番茄40克，油菜心50克，香槟50毫升

调料 葱末、姜末、蛋清、淀粉、植物油、盐各适量

做法

1. 鸡胸肉洗净切片，用蛋清、香槟、淀粉上浆。油菜心焯熟，垫在盘子底部。鸡肉片入水滑熟捞出沥干。番茄用开水烫一下，切块。

2. 将盐、香槟、水淀粉、葱末、姜末、适量清水调成味汁。

3. 锅入油烧至四成热时，倒入味汁，放鸡肉片、番茄块，旺火快速炒匀，出锅放在油菜心上即可。

原料 熟白鸡脯肉300克，菠萝200克，菠菜心50克

调料 红椒丁、芝麻酱、菠萝水、胡椒粉、香油、
醋、白糖、盐各适量

菠萝鸡片 (热)

做法

1. 菠萝切成约3厘米大的扇形薄片，沥去水分，放
在盘子中间。

2. 熟鸡脯肉去皮，斜刀切成6厘米长、2厘米宽的
薄片，放在盘内菠萝片上面。

3. 芝麻酱放入碗内，加入菠萝水调匀，再加入
盐、白糖、醋、胡椒粉调匀，淋香油，浇在盘
内鸡片上。

4. 将菠菜心洗净烫熟，与红椒丁组成2朵小花，点
缀在盘边即可。

糖醋鸡圆 (热)

原料 鸡脯肉200克，鲜虾仁、黑木耳各50克，鸡
蛋2个

调料 葱花、姜末、蒜末、胡椒粉、水淀粉、色拉
油、酱油、醋、白糖、盐各适量

做法

1. 鸡脯肉洗净，剁成蓉，加蛋液、盐、胡椒粉、
水淀粉搅打，再加入剁细的鲜虾仁粒，搅匀成
肉馅，挤成肉丸。黑木耳洗净。

2. 锅入油烧热，放肉丸炸定型，捞出。油锅再次
烧热，放入肉丸复炸至呈金黄色，捞出装盘。

3. 锅留底油烧热，下葱花、姜末、蒜末爆香，加酱
油、醋、白糖、黑木耳、盐、鲜汤、水淀粉调成的
芡汁，收浓汤汁，淋在肉丸上即可。

酱爆鸡丁 (热)

原料 鸡脯肉200克，青椒块50克

调料 蛋清、甜面酱、水淀粉、植物油、白糖各
适量

做法

1. 鸡脯肉打上花刀，切成中指盖大小的方丁，用
蛋清、水淀粉抓匀上浆。

2. 锅置旺火上，加入植物油烧至六成热，把鸡丁
下入滑开，待变白色时，连油一起倒入漏勺
内，控净油。

3. 锅留底油烧热，下甜面酱、白糖，炒至起泡、
出香味时，加入鸡丁急速翻炒，待酱汁完全裹
住鸡丁、呈金黄色、油明亮时放入青椒块即可
出锅。

翡翠糊辣鸡条 (热)

原料 鸡脯肉300克，青笋条100克，鸡蛋2个

调料 葱节、姜片、蒜片、干辣椒、花椒、清汤、干淀粉、水淀粉、植物油、香油、酱油、醋、料酒、白糖、盐各适量

做法

1. 鸡脯肉洗净，切粗条，用料酒、盐码味，蛋清加干淀粉调成糊，将鸡肉条拌匀。鸡条入油锅逐一炸至呈蛋黄色、皮酥捞出。

2. 锅留余油烧热，下干辣椒、花椒炸至呈棕红色，加清汤，入鸡条、姜片、葱节、蒜片、酱油、白糖、料酒，慢烧入味，使鸡肉酥嫩，下水淀粉，收浓汁，淋醋、香油装盘，青笋条码在盘边即可。

干茄子焖鸡片 (热)

原料 鸡胸肉片200克，茄子150克，红椒、青椒各10克

调料 姜片、豆豉、辣妹子辣酱、清汤、淀粉、猪油、生抽、盐各适量

做法

1. 茄子洗净，改刀切小片。青椒、红椒洗净去蒂、籽，切菱形片，分别焯水。

2. 鸡胸肉片加盐、淀粉拌匀，汆水断生。

3. 锅入猪油烧热，下姜片、豆豉、辣妹子辣酱、茄子片炒香，加适量清汤，改文火焖至茄子片松软，下鸡片、青椒片、红椒片，加盐、生抽调味，翻锅收汁即可。

黑椒鸡脯 (热)

原料 鸡胸肉300克

调料 蒜、奶油、黑胡椒粉、辣酱油、白酒、盐各适量

做法

1. 鸡胸肉洗净，用刀背交叉拍松，用盐、黑胡椒粉、辣酱油、白酒腌半小时以上。蒜切末，备用。

2. 锅加热，放入奶油烧至溶化，放入鸡胸肉，以中火煎至熟且两面都呈金黄色时捞出，捞出控油，放入盘中。

3. 将蒜末炒香，撒在煎好的鸡肉上即可。

原料 鸡胸肉泥200克，肥肉馅20克，马蹄丁、糯
米粉泥各50克

调料 葱丝、姜丝、奶油、淀粉、植物油、料酒、
盐各适量

做法

1. 鸡胸肉泥加肥肉馅、马蹄丁、糯米粉泥、盐、
   淀粉、料酒搅匀，制成鸡蓉。

2. 平底锅入植物油烧热，将鸡蓉挤成大小均匀的
   丸子，放入锅中，用铲子将丸子压成饼。

3. 将鸡蓉饼煎至两面呈金黄色，加入葱丝、姜
   丝，待煎出香味后捞出控油，装盘，淋上几道
   奶油装饰即可。

煎鸡饼 热

脆皮鸡片 热

原料 鸡脯肉200克，鸡蛋2个

调料 姜汁、干淀粉、面粉、小苏打、色拉油、料
酒、盐各适量

做法

1. 鸡脯肉片成片，用姜汁、盐、料酒、蛋液腌渍
   入味。

2. 将干淀粉、面粉、小苏打、鸡蛋、色拉油调成
   脆皮糊。

3. 锅入油烧至七成热，鸡片放入调好的糊中拌匀，
   逐片放入油锅中，炸成呈金黄色，出锅装盘
   即可。

软炸鸡 热

原料 鸡脯肉200克，鸡蛋1个

调料 葱段、姜片、蒜片、番茄酱、淀粉、植物
油、料酒、白糖、盐各适量

做法

1. 鸡脯肉洗净，切片，加葱段、蒜片、姜片、料
   酒、盐、白糖少许，腌渍片刻。

2. 鸡蛋打散，加淀粉调成稀糊状。

3. 锅置旺火上烧热，入植物油，待油温升至七成
   热时，将鸡片拌匀蛋糊，逐片放入油锅中炸至
   鸡肉断生、外面呈金黄色时捞出，放在碟内，
   带番茄酱上桌。

香椿炸鸡柳 （热）

原料 鸡脯肉200克，香椿芽25克，鸡蛋清2个

调料 淀粉、面粉、花生油、料酒、盐各适量

做法

1. 鸡脯肉洗净，切成长条，放碗里，加入盐、料酒，用手抓匀，腌渍10分钟。

2. 香椿芽洗净，放入沸水锅中略烫，捞出，沥干水分，切成末。

3. 将鸡蛋清、香椿末、淀粉、面粉、清水搅匀成香椿蛋糊。

4. 锅入花生油烧至六成热时，将鸡条逐个蘸匀香椿蛋糊，放入油锅中，炸至浮起呈金黄色时捞出，装盘即可。

芝麻鸡脯 （热）

原料 净鸡脯肉200克

调料 葱段、生姜、去皮白芝麻、全蛋淀粉、精炼油、香油、料酒、盐各适量

做法

1. 鸡脯肉洗净，切成长6厘米、宽4厘米、厚0.2厘米的片，加盐、料酒、生姜、葱段码味，静置10分钟。

2. 鸡片用全蛋淀粉拌匀，再逐片裹去皮白芝麻。

3. 锅置旺火上，下精炼油烧至180℃时，放入鸡片炸至浅金黄色时捞出，淋上香油，装碗即可。

捶烩鸡丝 （汤）

原料 鸡脯肉300克，冬笋丝、木耳丝各100克

调料 葱丝、姜丝、香菜段、淀粉、酱油、绍酒、盐各适量

做法

1. 鸡胸肉洗净，加入少许绍酒、盐略腌，再裹匀淀粉，放在案板上，用木槌轻轻捶打，边捶边撒淀粉，使鸡肉延展成半透明的大薄片，切成丝。

2. 锅置旺火上，倒入清水烧沸，再放入鸡丝滑散，加入冬笋丝、木耳丝、葱丝、姜丝、盐、绍酒、酱油烧至汤汁浓稠，撒入香菜段，装盘上桌即可。

原料 鸡胸肉250克，芹菜150克

调料 鸡汤、水淀粉、芥末油、料酒、盐各适量

做法

1. 鸡胸肉洗净，切成细丝，放入沸水锅中，汆熟，捞出沥干水分。

2. 芹菜洗净，切丝。

3. 炒锅上火，放鸡汤、盐、鸡丝、芹菜丝烧开，用水淀粉勾芡，煮片刻，加料酒调味，淋芥末油即可。

芥辣烩鸡丝 汤

芙蓉鸡片 汤

醋椒鸡片汤 汤

原料 鸡脯肉100克，豆苗25克，鸡蛋清2个

调料 葱段、姜片、红辣椒碎、鲜汤、水淀粉、植物油、香油、料酒、白糖、盐各适量

做法

1. 豆苗洗净，沥干水。鸡脯肉剁成细蓉，加料酒、鲜汤调匀，加鸡蛋，用筷子朝一个方向搅拌成糊状，再加盐、水淀粉拌匀。

2. 锅入植物油烧至七成热时，用勺子舀起鸡蓉糊，慢慢地浇入油锅，拖成片状，待鸡蓉片凝白浮起，捞出控油。

3. 锅留油烧热，加葱段、姜片煸出香味后拣出，加鲜汤、盐、白糖、豆苗、鸡蓉片，烧滚后，撇去浮沫，勾薄芡，撒上红辣椒碎，淋香油即可。

原料 嫩鸡脯肉400克，黄瓜、玉兰片各100克

调料 香菜、蛋清、水淀粉、胡椒粉、姜汁、香油、醋、料酒、盐各适量

做法

1. 鸡脯肉、黄瓜分别洗净，切片。香菜洗净切段。

2. 肉片加蛋清抓匀后，放水淀粉抓匀。

3. 锅内注入清水，放盐、料酒、姜汁，待汤烧沸时撒入鸡脯肉片、玉兰片，汆熟，捞入汤碗内，撇去浮沫，放入胡椒粉、黄瓜片、香油、醋、香菜段，待再开时倒入汤碗内即可。

鸡腿

鸡腿肉肉质细嫩，滋味鲜美，由于其味较淡，因此可使用于各种料理中，适于炸、烤、烧、卤、炖等烹饪方法。

营养功效：对营养不良、畏寒怕冷、乏力疲劳、月经不调、贫血虚弱等有很好的食疗作用。

选购技巧：新鲜的鸡腿皮呈淡白色，肌肉结实而有弹性，干燥无异味，用手轻轻按压能够很快复原。不新鲜的鸡腿皮呈淡灰色或黄色，肌肉较松软，色泽较暗，有轻度异味，用手按压一下，能留下显著的痕迹。

麻辣鸡腿 凉

原料 鸡腿400克，青菜叶100克

调料 香葱末、辣椒末、熟白芝麻、花椒粉、辣椒油、麻椒油、料酒、白糖、盐各适量

做法

1. 鸡腿洗净入沸水锅中，加盐、料酒煮熟，放汤中浸泡，凉凉。

2. 将麻椒油、辣椒油、花椒粉、辣椒末、白糖、盐调味汁。

3. 青菜叶铺在深盘底部。将凉凉的鸡腿剁成条，摆在青菜叶上，将味汁浇在鸡腿条上，撒香葱末、熟白芝麻即可。

红油鸡丝 凉

原料 鸡腿200克

调料 葱、蒜、辣椒、辣椒油、红油、花椒粉、酱油、盐各适量

做法

1. 鸡腿洗净，放入锅中煮熟，在原汤内浸泡30分钟，取出凉凉后切成丝。

2. 蒜去皮，洗净，切末。葱去皮、须，切成细丝。辣椒切段。

3. 将盐、花椒粉、辣椒段、酱油、红油、辣椒油放入碗中，调成汁。

4. 葱丝放入盘底，上面放鸡丝，将调好的调味汁淋在鸡丝上，拌匀即可。

原料 鸡腿2只，圣女果、西蓝花各50克

调料 葱段、姜片、八角、小茴香、桂皮、清汤、
红曲粉、植物油、香油、酱油、料酒、白
糖、盐各适量

做法

1. 鸡腿刮净，将肉面划开，剔去骨，用刀在肉面
   剞上交叉刀纹，用酱油、料酒腌渍50分钟。

2. 锅入植物油烧热，将鸡腿炸至呈金黄色，捞出
   沥油，备用。

3. 锅入油烧热，放葱段、姜片炸香，加汤、盐、
   白糖、小茴香、桂皮、红曲粉烧开，去浮沫，
   放入鸡腿慢火卤熟，取出凉凉，刷上香油，改
   刀装盘，用西蓝花、小番茄、八角装饰即可。

卤鸡腿肉 热

左将军鸡 热

原料 鸡腿600克，青辣椒、红辣椒各15克，鸡蛋
40克

调料 姜、蒜、水淀粉、植物油、香油、酱油、醋
各适量

做法

1. 鸡腿去骨后摊开，洗净切浅斜刀纹后，再切成
   块，加蛋清、酱油拌匀。青辣椒、红辣椒去
   蒂、籽，切长片。蒜、姜切末。

2. 锅入植物油烧热，放鸡块炸熟，捞出沥干。

3. 锅中留油烧热，放青辣椒片、红辣椒片翻炒，
   再放入鸡块，加酱油、醋、蒜末、姜末拌炒均
   匀，用水淀粉勾芡，淋香油即可。

重庆辣子鸡 热

原料 鸡腿2个

调料 香葱、葱花、姜片、干红椒、川椒、四川豆
瓣、淀粉、植物油、红醋、料酒、白糖、盐各
适量

做法

1. 鸡腿洗净，剁成块。香葱切段。

2. 鸡块撒少许淀粉，过油炸至表面金黄。

3. 锅留底油烧热，放川椒炒出麻香味，再放入
   干红椒、姜片、葱花、四川豆瓣煸炒，放入
   鸡块，烹入料酒，加盐、白糖煸炒，再加入
   香葱段，炒出麻辣味后，烹入红醋，出锅装
   盘即可。

豉油皇鸡 （热）

原料 鸡腿肉450克，丝瓜100克，洋葱20克

调料 豆豉、辣椒、植物油、酱油、盐各适量

做法

1. 鸡腿肉洗净，切丁。

2. 辣椒、洋葱洗净，切丝。

3. 丝瓜洗净，去皮，切段，放入加了盐的沸水中烫熟，摆在盘子上。

4. 锅入油烧热，下辣椒丝炸香，再放入鸡腿丁滑炒，加洋葱丝炒匀，用盐、酱油、豆豉调味，盛盘，摆在上丝瓜上即可。

酸辣鸡腿丁 （热）

鱼香脆鸡排 （热）

原料 鸡腿肉150克，泡椒丁15克，泡菜丁75克，青椒丁、红椒丁各5克

调料 葱花、蒜末、熟花生米、干椒末、水淀粉、植物油、香油、红油、酱油、米醋、料酒、盐各适量

做法

1. 鸡腿洗净，剔骨，捶松，切方丁，放料酒、酱油、盐、水淀粉上浆入味，再放少许香油拌匀。

2. 将上好浆的鸡丁过油成金黄色，捞出沥油。

3. 锅留底油烧热，加入红油，下干椒末和所有原料，烹料酒、米醋，加盐、酱油、蒜末拌炒入味，用水淀粉勾芡，淋香油，撒葱花、熟花生米，出锅装盘。

原料 鸡腿肉300克，鸡蛋3个

调料 葱花、姜末、蒜末、泡红辣椒末、面粉、水淀粉、植物油、香油、米醋、料酒、酱油、白糖、盐各适量

做法

1. 鸡腿肉洗净，切厚片，加盐、面粉、鸡蛋拌匀。用盐、白糖、米醋、料酒、酱油、香油、水淀粉调成味汁。

2. 鸡腿肉入油锅炸至断生，待油温升高复炸至呈金黄色时捞出，切宽条，码在盘中。

3. 另起锅入油烧热，炒香姜末、蒜末、泡红辣椒末，烹味汁，起锅淋在盘中鸡腿条上，撒葱花即可。

原料 鸡腿500克，板栗100克，青椒、红椒各25克

调料 葱丝、姜丝、豆瓣酱、水淀粉、鲜汤、色拉油、香油、绍酒、酱油、白糖、盐各适量

做法

1. 鸡腿洗净，切块。板栗去皮。青椒、红椒去蒂、籽，洗净，切斜段。

2. 锅入色拉油烧至五成热，放入板栗炸香，捞出沥油。待油温升高后，再放入鸡块炸至色泽金黄，倒入漏勺沥油。

3. 锅留底油烧热，下葱丝、姜丝爆锅，加豆瓣酱炒香，放入鸡块，烹入绍酒，加盐、白糖、酱油、鲜汤烧沸，放入板栗、青椒段、红椒段烧熟，用水淀粉勾芡，淋香油，装盘即可。

板栗烧鸡块 (热)

香辣茄子鸡 (热)

啤酒鸡腿 (热)

原料 鸡腿400克，茄子块200克

调料 葱花、葱末、蒜末、淀粉、辣豆瓣、盐水、水淀粉、植物油、酱油、醋、料酒、白糖各适量

做法

1. 鸡腿洗净，切块，加料酒、酱油、淀粉腌拌。茄子块放入盐水中浸泡，捞出沥干。

2. 鸡块、茄子块分别入油锅，过油后捞出沥干。

3. 锅入植物油烧热，炒香蒜末、辣豆瓣、酱油、白糖、醋、水淀粉烧至入味，撒葱末，炒匀盛入煲内。

4. 将煲用文火烧一小会儿，装盘撒上葱花即可。

原料 鸡腿400克，洋葱条、番茄丁各30克，口蘑1朵

调料 葱花、啤酒、鲜柠檬汁、胡椒粉、色拉油、牛油、盐各适量

做法

1. 鸡腿洗净，沿鸡骨划两刀，用盐、胡椒粉拌匀。

2. 鸡腿放入油锅煎至呈金黄色，取出沥油。原锅烧热牛油，炒香洋葱，加口蘑炒拌。

3. 将煎好的鸡腿加入口蘑片中，淋入啤酒，搅匀，改文火烧15~20分钟，取出。

4. 取煮好的鸡汁加番茄丁旺火煮开，用盐、胡椒粉调味，最后加鲜柠檬汁，将汁收浓，浇在鸡腿上，摆洋葱条、葱花即可。

松子鸡 （热）

原料 鸡腿2只，猪肉馅100克，松子20克

调料 葱段、姜块、姜丝、海鲜酱、色拉油、料酒、酱油、白糖、盐各适量

做法

1. 猪肉馅加料酒、酱油、盐调味，顺一个方向搅拌上劲，备用。

2. 鸡腿洗净，去骨，用刀在鸡肉上剁几下，将猪肉馅镶在鸡腿肉上，再嵌入松子成松子鸡生坯，放入油锅中炸至呈金黄色，捞出沥油。

3. 锅入油烧热，放入葱段、姜块爆香，加入松子鸡生坯、海鲜酱、料酒、酱油、白糖烧至入味，用旺火收稠卤汁，切块装盘，撒姜丝即可。

焦炸鸡腿 （热）

原料 鸡腿800克，番茄150克，鸡蛋2个

调料 葱段、姜片、香菜、花椒、面包屑、小麦面粉、花椒粉、花生油、酱油、料酒、白糖、盐各适量

做法

1. 番茄洗净切成瓣，鸡蛋磕入碗内搅散。

2. 鸡腿扎一些眼，加盐、料酒、葱段、姜片、酱油、花椒、白糖拌匀，腌约2小时，上笼蒸烂后取出，去掉葱段、姜片、花椒，逐个四周裹上干面粉，在鸡蛋内拖一下，再裹上面包屑。

3. 锅入油烧热，逐个下入鸡腿，炸至呈金黄色捞出，装盘。另起锅入香油、花椒粉烧热，淋在鸡腿上，周围摆香菜、番茄瓣即可。

软炸崂山鸡 （热）

原料 崂山鸡腿肉200克，鸡蛋1个

调料 葱段、姜粒、蒜片、虾酱、水淀粉、植物油、料酒、白糖、盐各适量

做法

1. 鸡肉洗净，切成3.5厘米长、2.5厘米宽、0.5厘米厚的片。

2. 将鸡肉片装入碗中，加葱段、蒜片、姜粒、料酒、盐、白糖稍腌片刻。鸡蛋打散，加水淀粉调成糊状。

3. 砂锅入植物油烧至七成热时，将鸡片拌习蛋糊，逐片放入油锅中炸至鸡肉断生、外面呈金黄色时捞出，放在碟内，带虾酱一起上桌。

(原料) 鸡腿1个，金针菇、鲜黑木耳各150克

(调料) 姜末、蒜末、蚝油、浓缩鸡汁、白糖、盐各
适量

(做法)

1. 鸡腿洗净拭干水，摆放入碟中。金针菇去根
部，洗净，切半。鲜黑木耳去蒂，洗净，切成
细丝。

2. 取一空碗，加入蚝油、白糖、浓缩鸡汁、盐、
清水、姜末、蒜末拌匀，做成酱汁备用。

3. 在鸡腿上铺一层黑木耳和金针菇，均匀地浇入
一层酱汁，再盖上一层保鲜膜。烧开锅内的
水，放入金针菇、木耳、鸡腿，加盖旺火隔水
蒸15分钟，出锅即可。

金针蒸鸡腿 (热)

蘑菇片蒸鸡腿 (热)

豆苗滑炖鸡 (汤)

(原料) 鸡腿400克，干蘑菇片、蒸肉米粉各150克

(调料) 葱、姜、洋葱、芝麻、蚝油、香油、酱油、
料酒、盐各适量

(做法)

1. 干蘑菇片用冷水浸泡30分钟后洗净。葱切末。
姜切丝。洋葱切碎。将料酒、酱油、蚝油、
盐、香油、清水、蒸肉米粉拌匀成酱汁。

2. 鸡腿洗净，去骨，放在大碗中，撒上姜丝、洋
葱碎，倒入调好的酱汁腌渍15分钟，撒上泡好
的蘑菇片。

3. 将碗入蒸锅，开锅后再蒸15分钟取出，撒葱
末、芝麻即可。

(原料) 鸡腿肉200克，豆苗、木耳各50克

(调料) 姜丝、剁椒、番茄酱、水淀粉、植物油、白
糖、盐各适量

(做法)

1. 鸡腿肉洗净，去骨，切块，加盐、水淀粉、植
物油腌渍3分钟。豆苗洗净，切段。木耳泡发，
撕成小朵。

2. 锅中加水，淋少许油，待水开后倒入鸡腿肉，
滑熟捞出。

3. 锅入油烧热，下姜丝爆香，加剁椒、番茄酱炒
香，冲入开水，烧开后放入鸡肉，加白糖、
盐，文火炖5分钟，下木耳、豆苗炖熟即可。

鸡翅肉少，富含胶质，分为鸡膀、膀尖两部分。鸡膀，连接鸡体至鸡翅的第一关节处，肉质较多；膀尖，鸡翅第一关节处至膀尖，骨多肉少。鸡翅一次不能吃太多，尤其是鸡翅尖，鸡翅尖是鸡的淋巴结。由于激素可以使鸡迅速生长，因此给鸡注射激素很普遍。长期食用激素过量的食品，加上人体荷尔蒙分泌的影响，会加大患肿瘤的概率。

营养功效：鸡翅有温中益气、补精添髓、强腰健胃等功效，鸡中翅相对翅尖和翅根来说，它的胶原蛋白含量丰富，对于保持皮肤光泽、增强皮肤弹性均有好处。相对来说，女性受影响可能比男性更大。

选购技巧：新鲜鸡翅的外皮色泽白亮或呈米色，并且富有光泽，肉质富有弹性，并有一种特殊的鸡肉鲜味。

鸡翅

辣子鸡翅 〔热〕

 原料 鸡翅4个

调料 葱丝、姜丝、干红辣椒、花椒、鸡粉、生粉、植物油、料酒、白糖、盐各适量

做法

1. 鸡翅洗净，切开，用盐、白糖、鸡粉、料酒略腌，再放入生粉上浆，入油锅炸至金黄。

2. 红干辣椒洗净，切段。

3. 将花椒、盐炒成椒盐。

4. 将葱丝、姜丝煸香，捞出渣，下花椒、干红辣椒段炒香，放入鸡翅块翻炒熟，撒椒盐，再翻炒几下即可出锅。

酸甜棒棒鸡 〔热〕

原料 鸡翅根300克，青椒粒、红椒粒、菠萝丁各15克，鸡蛋1个

调料 葱花、葱花、姜末、蒜末、吉士粉、淀粉、番茄酱、植物油、醋、白糖、盐各适量

做法

1. 鸡蛋磕入碗中，打散。鸡翅根洗净，沿着根部四周将肉划开，将上面的肉翻上去一部分，露出骨头，淋鸡蛋液，加盐、吉士粉、淀粉拌匀。

2. 鸡翅根入油锅炸至熟透呈金黄色，沥油装盘。

3. 锅留底油烧热，煸香蒜末、姜末、葱花，加番茄酱、醋、白糖，放青椒粒、红椒粒、菠萝丁、鸡翅根，炒匀，装盘即可。

原料 鸡翅200克，红葡萄酒150毫升

调料 葱花、姜片、白芝麻、花椒、清汤、胡椒粉、植物油、香油、料酒、白糖、盐各适量

做法

1. 鸡翅改刀，放入大碗内，加入盐、料酒、胡椒粉、花椒腌渍30分钟，入沸水锅中汆水。

2. 锅留底油烧热，下葱花、姜片爆锅，下入鸡翅翻炒，加入红葡萄酒、清汤、盐、白糖，放入装有花椒的料包，用微火炖制40分钟。

3. 待鸡肉熟透汤汁浓稠时，拣去花椒包，装盘撒芝麻，淋香油即可。

贵妃鸡翅 热

魔芋鸡翅 热

生煎鸡翅 热

原料 鸡翅500克，水发魔芋15克

调料 葱、姜、鸡汤、水淀粉、胡椒粉、猪油、料酒、酱油、盐各适量

做法

1. 鸡翅去尖，一断为二，洗净，沥水。葱挽结，姜拍破。

2. 水发魔芋切成长5厘米、宽3厘米的条块。

3. 锅入猪油烧热，下鸡翅、料酒、姜、葱结炒出香味，再加鸡汤、酱油、盐烧沸，去净浮沫，用文火慢烧至鸡翅将熟时加魔芋块，继续烧至鸡翅离骨，拣去姜、葱结，用水淀粉勾芡，撒胡椒粉炒匀，出锅即可。

原料 鸡翅2只，小青菜100克

调料 葱花、蒜泥、植物油、料酒、酱油、白糖各适量

做法

1. 鸡翅洗净，两面轻轻剞上十字花刀，用料酒、酱油、白糖、蒜泥抹匀，腌渍片刻。

2. 小青菜择洗净，放入锅中焯熟，装盘备用。

3. 锅入油烧至五成热，放入鸡翅煎3分钟，翻面再煎3分钟。

4. 用料酒、酱油、白糖调成汁，分两次浇入锅中鸡翅上，起锅颠翻均匀，装入盘中青菜上，撒葱花即可。

粉蒸翅中 〔热〕

（原料）鸡中翅400克

（调料）姜末、蒸肉粉、腐乳汁、豆瓣酱、植物油、酱油各适量

（做法）

1. 鸡中翅洗净。

2. 将鸡中翅扎几个眼，便于入味，加腐乳汁码味10分钟，装入蒸碗中。

3. 用姜末、豆瓣酱、酱油将鸡翅拌匀，再加蒸肉粉拌匀。

4. 上笼用旺火蒸15分钟，出笼装盘即可。

剁椒黑木耳蒸鸡 〔热〕

（原料）鸡翅2个，黑木耳200克

（调料）蒜、姜、葱、剁椒、鲜红辣椒汁、植物油、香油、生抽、白糖各适量

（做法）

1. 鸡翅剁小块儿。姜、蒜切末，葱切花。

2. 锅入油烧热，爆香姜末、蒜末、剁椒、葱花，加入白糖、生抽调味，制成调料。

3. 将炒好的调料倒入鸡翅中，拌均，腌渍。黑木耳洗净，撕成小块儿，码在碟子里。将腌过的鸡翅均匀码在黑木耳上面，淋上余下的酱汁。

4. 锅入水烧开，把碟子放上去蒸5分钟，出锅撒葱花，淋红辣椒汁、香油即可。

冬菇蒸鸡翅 〔汤〕

（原料）鸡翅500克，鲜香菇75克

（调料）葱、姜、清汤、香菜叶、胡椒粉、黄酒、盐各适量

（做法）

1. 鸡翅洗净，放入汤锅内煮熟后捞出，去掉翅尖，剁成两段，去净骨，放入白钵内。葱、姜拍破。

2. 将香菇用冷水浸一下，切去蒂，洗净，放入盛鸡翅的白钵内。

3. 钵内加清汤、盐、黄酒、葱、姜，钵口用浸湿的纸封严，蒸两小时至软烂，揭开纸，去掉葱、姜，撒上胡椒粉，放上香菜叶即可。

鸡爪

鸡爪又名鸡掌、凤爪、凤足。多皮、筋，胶质大。常用于煮汤，也宜于卤、酱。质地肥厚的还可煮熟后脱骨拌食。

营养功效： 防止神经衰弱，美容养颜。多吃鸡爪对于女性有丰胸作用。

选购技巧： 选购鸡爪时，要求鸡爪的肉皮色泽白亮且富有光泽，无残留黄色硬皮；鸡爪质地紧密，富有弹性，表面微干或略显湿润且不粘手。如果色泽暗淡无光，不宜选购。

原料 鸡爪8只，熟豌豆粒80克

调料 红椒丝、鲜汤、熟花生油、香油、白酱油、盐各适量

做法

1. 鸡爪洗净，放沸水锅中煮熟，连汤倒入盛器中凉凉。鸡爪去骨留皮，保持鸡爪完整。

2. 熟豌豆粒放入盘中垫底。将鸡爪盛于碗内，加白酱油、香油、熟花生油、鲜汤，拌匀，把鸡爪捞起放在熟豌豆粒上，撒红椒丝，淋拌鸡爪的汁水即可。

白油鸡爪 （凉）

熏凤爪 （凉）

原料 鸡爪4只

调料 葱末、姜末、大料、花椒、茶叶、桂皮、砂仁、丁香、白糖、盐各适量

做法

1. 鸡爪剁去趾、老皮，洗净，用沸水烫透。

2. 汤锅加水，下盐、大料、花椒、桂皮、砂仁、丁香、葱末、姜末，旺火烧开，下鸡爪，文火慢煮25分钟，离火浸泡15分钟捞出。

3. 熏锅置火上，加白糖、茶叶，将煮好的鸡爪放在架上，盖上锅盖，熏30秒出锅即可。

卤汁凤爪 （凉）

原料 鸡爪6只

调料 葱末、姜末、辣椒末、八角、桂皮、胡椒粉、植物油、老抽、白糖、盐各适量

做法

1. 鸡爪剁去趾、老皮，洗净。锅入水烧开，加白糖，下鸡爪汆熟，捞出沥干。

2. 锅内加油烧热，下入鸡爪炸至起泡。

3. 鸡爪盛入大碗，加葱末、姜末、辣椒末、八角、桂皮、盐、老抽、白糖、胡椒粉调味，上笼蒸烂，取出凉凉，装盘即可。

泡凤爪 凉

原料 鸡爪350克，西芹段100克

调料 葱段、老姜块、泡姜、泡红辣椒、野山椒、花椒、老泡菜坛盐水、白酒、盐各适量

做法

1. 鸡爪剁去趾，入沸水中略烫一下捞出，褪尽老皮，放入清水中冲漂至皮净白色为止。

2. 锅入清水，下鸡爪用中火烧开，撇去浮沫，加入老姜块、葱段、白酒，煮至鸡爪六成熟，凉凉。

3. 将适量凉开水与老泡菜坛盐水、盐、花椒、白酒在盆内调匀，将鸡爪从凉水中捞出，沥去水分，与泡红辣椒、野山椒、泡姜、老姜、西芹一起放入盆中拌匀。将泡菜盆盖上保鲜膜置阴凉处，浸泡8~10小时，即可食用。

翡翠凤爪 凉

原料 拆骨鸡爪200克，青椒、红椒各1个

调料 蒜瓣、卤汁、清汤、料酒、盐各适量

做法

1. 青椒、红椒去蒂、籽，洗净，切块，下入沸水锅中焯熟，捞入清水中过凉。蒜瓣去皮，拍成蒜泥。

2. 将鸡爪洗净，沿脚趾切开。

3. 净锅上火，放入鸡爪、清汤、卤汁、料酒，旺火烧沸，改用文火焖至凤爪熟烂，将蒜泥下锅，再下入盐调味。

4. 捞出鸡爪凉凉，装入盘内，边上放上青椒块、红椒块即可。

蒸酥凤爪 热

原料 凤爪2只

调料 葱末、姜末、淀粉、胡椒粉、植物油、香油、黄酒、酱油、白糖、盐各适量

做法

1. 凤爪刮去老皮、爪尖，洗净，用盐、酱油、葱末、姜末、黄酒抓匀，腌10分钟。

2. 锅入油烧至七成热，下入腌好的凤爪炸至呈黄色，捞出沥干。

3. 锅留底油烧热，放姜末、炸好的凤爪、清水、白糖、盐、黄酒、酱油稍焖，取出盛入盘中，撒上一层干淀粉，上笼蒸烂，取出，淋香油，撒胡椒粉即可。

鸡杂

鸡杂碎的统称，包括鸡心、鸡肝、鸡肠和鸡胗等，鲜美可口，且有多样营养素，有助消化、和脾胃之功效，能健胃消食、润肤养肌。

营养功效： 鸡杂是鸡杂碎的统称，包括鸡心、鸡肝、鸡肠和鸡胗等，鲜美可口，且有多样营养素。中医认为它们皆有助消化、和脾胃之功效。合而为汤，能健胃消食、润肤养肌。

选购技巧： 选购鸡杂时，一定要购买新鲜的鸡杂，新鲜鸡杂色泽红亮，鸡杂形状饱满，无异味，用手按捏有弹性。

（原料） 熟鸡肝200克，黄瓜、胡萝卜各20克

（调料） 生姜、辣椒油、香油、酱油、食醋、盐各适量

（做法）

1. 熟鸡肝切成片。黄瓜、胡萝卜洗净，切成片，放入碗内。生姜洗净，切成细末，放入碗中。

2. 把辣椒油、盐、酱油、食醋、香油倒入小碗内，兑成料汁，浇在碗内黄瓜片、胡萝卜片、鸡肝片上拌匀，盛入盘内即可。

凉拌鸡肝 （凉）

香油鸡 （凉）

（原料） 鸡心、鸡肝、鸡胗各100克，鸡肉50克，熟白芝麻20克

（调料） 辣椒油、香油、生抽、白糖、盐各适量

（做法）

1. 鸡心、鸡肝、鸡胗洗净，煮熟，凉凉，改刀。鸡肉煮熟，凉凉撕丝。

2. 把鸡心、鸡肝、鸡胗和鸡肉丝放盛器内，加盐、生抽、白糖调味，淋香油、辣椒油，撒熟白芝麻拌匀即可。

山椒拌鸡胗 （凉）

（原料） 鸡胗400克

（调料） 葱段、姜块、野山椒泡菜、花椒、盐各适量

（做法）

1. 鸡胗处理干净。

2. 鸡胗、花椒、盐、葱段、姜块入锅中煮熟，凉凉后切片。

3. 野山椒泡菜带汁，放入胗片，一同浸泡24小时即可食用。

盐水煮鸡胗 热

原料 鸡胗500克

调料 葱、姜、植物油、料酒、清汤、生菜叶、花椒、胡椒粉、盐各适量

做法

1. 鸡胗洗净，放入开水中氽一下，捞出洗净控水。葱、姜切片。
2. 生菜叶洗净，铺于盘中。
3. 将植物油烧热，爆香葱片、姜片和花椒，放入鸡胗、盐和胡椒粉，倒入清汤，加料酒，烧开后，转文火慢煮，待鸡胗煮熟，捞出切片装盘即可。

麻辣鸡脖 热

原料 去皮鸡脖350克

调料 葱段、姜段、干辣椒、青菜叶、冰糖、辣椒粉、花椒、大料、植物油、老抽、料酒、盐各适量

做法

1. 鸡脖洗净，锅入水，下一半的葱、姜段煮沸，下鸡脖微氽，捞出洗净。
2. 炒锅入油烧热，下干辣椒、花椒爆香，放鸡脖快炒，加料酒、老抽、冰糖炒匀上色。加水，加另一半的葱段、姜段、盐、大料，旺火煮沸。
3. 待水分收干，拌入辣椒粉，关火让鸡脖浸泡在汤汁里充分入味，出锅装盘，青菜叶装饰即可。

麻辣鸡脆骨 热

原料 鸡脆骨300克，西芹、鲜青辣椒各50克

调料 花椒、干红辣椒、白芝麻、胡椒粉、料酒、盐各适量

做法

1. 鸡脆骨冲洗控水，加盐、胡椒粉、料酒充分拌匀后，腌渍10分钟左右。西芹洗净，切小段。
2. 鲜青辣椒洗净，切碎。干红辣椒切段。
3. 把腌渍好的鸡脆骨入六成热油锅中炸熟。
4. 锅留底油烧热，将西芹段、青辣椒碎、红辣椒段、花椒、白芝麻依次入锅炒香，放入炸好的鸡脆骨，翻炒均匀，出锅即可。

烤椒凤冠 （热）

原料 凤冠300克

调料 油酥花生、芝麻、青椒、干辣椒、精炼油、香油、盐各适量

做法

1. 凤冠肉洗净，放入开水锅中煮熟，切薄片。青椒切成细米。油酥花生剁碎。

2. 锅入精炼油烧至70℃时，放干辣椒炒至呈深红色，起锅，用刀剁碎干辣椒。

3. 锅加少许精炼油烧热，放入青椒炒出香味起锅用刀剁碎青椒，加盐、香油、油酥花生、芝麻、凤冠、青辣椒米炒匀，装盘即可。

麻辣煸鸡胗 （热）

原料 鸡胗300克

调料 香菜、干红辣椒、花椒、大料、色拉油、生抽、盐各适量

做法

1. 凉水加大料，旺火煮开鸡胗，改文火炖1小时，捞出，凉凉，切片。

2. 香菜洗净切段。

3. 干红辣椒切段。

4. 炒锅入油烧热，放入干红辣椒、花椒炒香，放入鸡胗、香菜，加入生抽、盐炒匀即可。

糊辣鸡胗 （热）

原料 鸡胗250克

调料 葱、姜、蒜、香菜段、干辣椒、干花椒、蚝油、色拉油、料酒、白糖、盐各适量

做法

1. 鸡胗去杂质，洗净，剞十字花刀，使其成菊花形。姜去皮，切薄片。蒜切薄片。葱切末。

2. 鸡胗加姜片、葱末、料酒腌制。锅加油烧至七成热，放入鸡胗冲炸，捞出沥油。

3. 锅置中火上，下入适量色拉油烧热，加干辣椒、干花椒、蒜片，放鸡胗快速炒匀，加蚝油、盐、白糖、香菜段炒匀出锅，装盘即可。

川爆鸡杂 热

原料 鸡肝、鸡胗、鸡心、鸡肠各100克，青尖椒段、红尖椒段各15克，芹菜段50克

调料 姜片、蒜片、香菜、花椒、淀粉、泡红椒、郫县豆瓣、胡椒粉、植物油、料酒、老抽、白糖各适量

做法

1. 鸡胗切花刀。鸡心、鸡肝切片。鸡肠切段。

2. 老抽、淀粉、花椒、料酒、胡椒粉、白糖倒入切好的鸡杂内拌匀，腌制15分钟。

3. 锅入油烧热，放花椒爆香，蒜片、姜片、郫县豆瓣炒香。倒入鸡杂，旺火爆炒至略为变色后放青尖椒段、红尖椒段一起翻炒，放入芹菜段炒匀即可。

爆炒鸡胗花 热

原料 鸡胗400克

调料 葱花、蒜末、姜末、红椒圈、八角、花椒、植物油、料酒、老抽、白糖、盐各适量

做法

1. 鸡胗冲洗干净。

2. 把鸡胗切成稍薄些的片，使其更好入味。

3. 锅入植物油烧热，下蒜末、姜末、红椒圈、八角、葱花、花椒爆锅，入鸡胗片旺火翻炒，加料酒、老抽、白糖、盐，继续旺火翻炒至鸡胗变色，汤汁尽收，出锅装盘即可。

猪血焖鸡杂 热

原料 猪血200克，鸡杂250克（包括鸡胗、鸡肝、鸡肠），青尖椒、红尖椒各50克

调料 姜末、蒜末、辣妹子辣酱、豆瓣酱、蚝油、鲜汤、水淀粉、植物油、盐各适量

做法

1. 猪血切成小方块，汆水，过凉水捞出。

2. 鸡胗去筋膜，切成片。鸡肠过水，切成1厘米长的段。鸡肝切片。青尖椒、红尖椒均切圈。

3. 鸡杂加盐、水淀粉上浆腌制，入油锅过油沥干。

4. 锅内留底油烧热，下姜末、蒜末煸香，下豆瓣酱、辣妹子辣酱、青红尖椒圈、蚝油，倒入鲜汤，烧开后调入盐，再下入猪血、鸡杂，烧开，水淀粉勾芡，装盘即可。

全鸭

鸭肉性寒，味甘、咸，可制成烤鸭、板鸭、香酥鸭、鸭骨汤、熘鸭片、熘干鸭条、香菜鸭肝、扒鸭掌等上乘佳肴。

营养功效：所含B族维生素和维生素E较其他肉类多，能有效抵抗脚气病、神经炎和其他多种炎症，还能抗衰老。

选购技巧：鸭的选择方法有三种：看颜色，闻味道，摸肉质。优质鸭子体表光滑，呈现乳白色，切开鸭肉后切面呈现玫瑰色，闻起来有淡淡的香味，鸭肉摸起来结实。

原料 光鸭1只

调料 葱、姜、蒜泥、八角、料酒、椒盐、盐各适量

做法

1. 光鸭洗净，用椒盐内外擦遍，腌3小时，入沸水烫后晾干。
2. 锅中加清水、八角烧沸，放入盐、姜、葱、料酒、光鸭烧沸，文火焖熟即可。
3. 改刀成块，淋上原汁，蘸蒜泥食用即可。

南京盐水鸭 （凉）

手撕鸭脯 （凉）

原料 熟鸭脯肉200克，酸白菜100克

调料 香葱粒、红椒丝、辣椒油、盐各适量

做法

1. 熟鸭脯肉撕成条。
2. 将酸白菜倒入容器内，调入盐、辣椒油，再倒入熟鸭脯肉拌匀，装入盘中，撒上香葱粒、红椒丝即可。

仔姜掐菜炒鸭丝 （热）

原料 熟熏鸭半只，红甜椒1个

调料 豆芽菜、嫩姜、酱油、植物油、香油各适量

做法

1. 熟熏鸭剔骨，取净肉切成丝。
2. 红甜椒、嫩姜切成细丝。豆芽菜洗净，掐去头尾。
3. 锅入植物油烧至六成热，下入鸭丝爆炒，加入姜丝、甜椒丝炒至断生，加酱油和豆芽菜翻炒均匀，淋香油，出锅即可。

熟炒烤鸭片 热

原料 烤鸭肉200克，洋葱、泡椒、青椒各1个

调料 炸花生仁、甜面酱、水淀粉、色拉油、料酒、酱油、醋、白糖、盐各适量

做法

1. 烤鸭肉片成片。洋葱、青椒洗净，切成片。泡椒切段。

2. 锅置火上，放入色拉油烧至四成热，放入烤鸭片滑油，盛出。洋葱片、青椒片用油焐熟。

3. 锅留底油烧热，放泡椒、炸花生仁略煸，加料酒烧开，加甜面酱、盐、酱油、白糖、醋调好味，用水淀粉勾芡，倒入其他原料翻炒匀，装盘即可。

葱炒鸭丝 热

原料 烤鸭肉200克，葱白100克，青椒、红椒各80克

调料 甜面酱、黄酒、水淀粉、色拉油、盐各适量

做法

1. 烤鸭肉切成丝。

2. 葱白洗净，切丝。青、红椒洗净，切丝。

3. 锅置火上，放入油烧热，加甜面酱、黄酒搅匀，放入烤鸭丝、葱丝、尖椒丝，加盐调好味。

4. 水淀粉勾芡，翻炒装盘即可。

京葱炒烤鸭丝 热

原料 烤鸭肉200克，葱白100克

调料 青葱叶丝、甜面酱、水淀粉、色拉油、料酒、盐各适量

做法

1. 烤鸭肉切成丝。

2. 葱白洗净，切成丝，码在圆盘中。

3. 锅置火上，放入色拉油烧热，加甜面酱、料酒爆香、炒匀。

4. 放入烤鸭丝，加盐调好味。用水淀粉勾芡，翻炒至熟。

5. 将炒好的烤鸭丝盛在盘中葱丝上，撒上青葱叶丝装饰即可。

原料 熟板鸭肉100克

调料 嫩姜、红辣椒、花椒、郫县豆瓣、精炼油、香油、白糖、盐各适量

做法

1. 嫩姜刮洗干净，切成长4厘米、粗0.2厘米的丝，加盐腌渍一会儿。

2. 熟板鸭肉切成长8厘米、粗0.5厘米的丝。红辣椒切成长3厘米、粗0.2厘米的丝。郫县豆瓣剁碎。

3. 锅入精炼油烧至120℃，下郫县豆瓣炒香，再下红辣椒丝、花椒继续炒出香味，放入鸭丝、姜丝、白糖、香油迅速翻炒入味，起锅凉凉，装盘成菜。

香辣鸭丝 （热）

芫爆鸭条 （热）

原料 鸭脯肉300克，香菜段50克，水发木耳20克

调料 葱花、蒜片、蛋清、水淀粉、鸡汤、植物油、料酒、盐各适量

做法

1. 先将鸭脯肉洗净，切条，用料酒、蛋清、水淀粉、盐腌渍入味。水发木耳洗净，切丝。

2. 炒锅烧热，倒入植物油烧至五成热时，放入腌渍入味的鸭条，滑散、滑透捞出。

3. 锅内留少量油烧热，用葱花、蒜片炝锅，倒入少许鸡汤，加盐调味，加入滑熟的鸭丝、香菜段、木耳丝旺火爆炒均匀，出锅即可。

姜爆鸭 （热）

原料 鸭肉1000克，仔姜100克，红椒1个

调料 豆瓣、甜面酱、花椒、鲜汤、植物油、酱油、料酒、盐各适量

做法

1. 鸭肉斩成3厘米大小的块，漂去血水，放入盆中，加酱油、盐、料酒、花椒码味20分钟。

2. 仔姜去皮，洗净，切长片。红椒洗净，切碎。

3. 锅入植物油烧热，下花椒、鸭块、仔姜片用中火爆炒至鸭块起爆声时，烹入料酒，速炒待鸭块呈浅黄色且已爆干时，下入豆瓣、甜面酱炒香后转用文火，放入红椒碎，下盐、料酒及少许鲜汤，改用中火烧3～5分钟后即可。

魔芋烧鸭 〔热〕

原料 仔鸭肉500克,魔芋200克

调料 姜片、蒜片、花椒、豆瓣、茶叶、蒜苗节、红椒段、胡椒粉、水淀粉、鲜汤、植物油、酱油、料酒、盐各适量

做法

1. 仔鸭肉洗净,切成条,入炒锅煸炒至呈浅黄色。

2. 将魔芋切条,和茶叶一起,在沸水中焯两次,除去魔芋的异味。

3. 锅入油烧热,放花椒、豆瓣炒出香味和颜色,加鲜汤烧沸,去渣后放入鸭条、红椒段、姜片、蒜片、料酒、盐、酱油,在文火上烧约20分钟。

4. 将魔芋、胡椒粉入锅同烧至汁浓入味时,加蒜苗节炒匀,水淀粉勾薄芡,起锅装盘即可。

啤酒鸭 〔热〕

原料 鸭子半只,长豆角250克,啤酒200毫升

调料 姜末、蒜末、干红辣椒段、八角、泡椒、老抽、生抽、盐各适量

做法

1. 鸭子洗净,剁成小块后沥干水,豆角择成段后洗净。

2. 锅上火,文火预热,将鸭子带皮部分朝下,关盖,2分钟左右后,鸭油成液体状时,放入姜末、蒜末、干红辣椒段、八角、泡椒炒香,再加入啤酒和老抽,盖上锅盖。待汁水收到一半时,放入豆角,撒上适量盐,继续盖上锅盖,等豆角烧至软熟时,淋少许生抽即可。

砂锅鸭 〔热〕

原料 仔鸭1只,熟冬笋片100克

调料 香葱、葱花、姜块、水淀粉、熟大油、香油、酱油、料酒、白糖、盐各适量

做法

1. 仔鸭汆水,在鸭脯上用铁钎子扎十几下,排出肉内血污,洗净。香葱洗净,切段。

2. 将处理好的鸭子放砂锅内,加清水淹没鸭身,放葱段、姜块烧沸,撇去浮沫,浇料酒,盖上锅盖,用文火焖烧90分钟后离火。待鸭微凉时取出鸭骨,斩块放在原砂锅内垫底,鸭肉切块放上面,然后放上香葱段、冬笋片,加酱油、白糖、盐、熟大油烧沸,放料酒盖上锅盖,移至文火微焖片刻,水淀粉勾薄芡,淋香油,撒葱花即可。

原料 净雏鸭1只，鸡蛋2个

调料 葱段、姜片、八角、桂皮、花椒、面粉、水淀粉、鸡汤、植物油、酱油、料酒、盐各适量

做法

1. 净雏鸭处理干净，入锅煮至八成熟，捞出，去骨，放入碗中，加酱油、鸡汤、料酒、葱段、姜片、八角、桂皮、盐、花椒，上笼蒸烂，取出，去掉葱段、姜片。

2. 鸡蛋、面粉、水淀粉调成糊，一半抹到盘中，将鸭皮朝下放在糊上，另一半抹在鸭身上。

3. 锅中加植物油烧至八成热，把鸭子放油锅中炸至呈金黄色，捞出控油，切块，摆盘中即可。

锅烧鸭 （热）

千岛菠萝鸭 （热）

椒麻鸭 （热）

原料 熟樟仔鸭500克，去皮菠萝100克

调料 甜面酱、卡夫奇妙酱、番茄沙司、精炼油各适量

做法

1. 熟樟仔鸭，用热精炼油淋皮至上色酥脆，将鸭子切长约4厘米、宽3厘米、厚0.3厘米的片。将去皮菠萝也切成同样大小的片。

2. 将甜面酱放入油温120℃锅中炒香入碟，将卡夫奇妙酱和番茄沙司一起调成千岛汁。

3. 将切好的菠萝片摆放盘中，片好的鸭肉片摆放在菠萝片上，甜面酱和千岛汁装入味碟，蘸食即可。

原料 净肥雄鸭1只，红椒丁10克，香葱末10克

调料 葱末、小米辣末、花椒、辣豆豉酱、熟菜油、绍酒、椒麻盐、盐各适量

做法

1. 净肥雄鸭去内脏洗净，斩块，加盐、绍酒入味。

2. 锅中加油烧热，加入腌好的鸭块，炸至金黄色，外焦里嫩，捞出控油。

3. 锅中留油烧热，加入葱末、红椒丁、小米辣末、辣豆豉酱、花椒、绍酒炝香，放入炸好的鸭块，用椒麻盐调味，翻炒均匀，加香葱末出锅即可。

樟茶鸭 热

原料 鸭子1只

调料 烟熏料（香樟叶、柏树枝、茶叶、锯木末）、花椒、胡椒粉、色拉油、香油、料酒、盐各适量

做法

1. 鸭子宰杀，去毛、内脏，洗净，用盐、花椒、胡椒粉、香油拌入味，腌渍10小时，取出入沸水汤锅烫一下后捞出，沥干水分。

2. 用铁桶放入烟熏料点燃，待起青烟时把鸭子放铁筒内，熏至呈黄色后上笼蒸熟，取出凉凉。

3. 炒锅放在火上，下色拉油加热至七成油温，放入鸭子炸至鸭酥、呈金黄色时捞出，斩成5厘米长、2厘米宽的条，摆放在盘内成形即可。

川味鸭块 热

原料 鸭子1只

调料 葱白、鲜姜、干辣椒、芝麻、花椒粉、料酒、花生油、香油、酱油、醋、白糖、盐各适量

做法

1. 葱白一半切末，一半切段。鲜姜一半切片，一半切末。干辣椒切丝。

2. 将鸭子煺净毛，开膛去内脏，用水洗净，剁成块，放盆内，加姜片、葱段、料酒，放入锅内蒸熟取出，放入盘内。

3. 锅入花生油烧热，下干辣椒丝、葱姜末炒香，加花椒粉、酱油、白糖、盐、芝麻、料酒、醋烧开，盛入碗内，浇在鸭块上，淋香油即可。

五九玄胡鸭 热

原料 鸭肉500克，五灵脂10克，九香虫、玄胡索各15克

调料 枸杞、醋、盐各适量

做法

1. 鸭肉洗净，用少许盐搓一遍，放入大碗中。

2. 将五灵脂、九香虫、玄胡索、枸杞洗净放入碗内，加适量水，隔水蒸30分钟，去渣取汁，倒入盛鸭肉的大碗中。

3. 大碗放入蒸笼中，蒸至鸭酥软，滴少许醋调味，即可食用。

原料 鸭肉500克，梅干菜50克

调料 葱段、姜丝、荷叶、胡椒粉、鲜汤、植物油、香油、料酒、酱油、盐各适量

做法

1. 梅干菜切成末，放清水锅中略煮一下。

2. 锅入油烧热，卜葱段、姜丝爆香，放入鸭块，烹入料酒，加入酱油、梅干菜翻炒，加适量鲜汤，用盐、胡椒粉调味，旺火烧开后改文火烧15分钟。

3. 将鸭块包在荷叶中，放入蒸笼蒸制3~5分钟，装盘即可。

荷香一品鸭 热

啤酒蒸仔鸭 热

干煸鸭肉 热

原料 鸭1只，啤酒适量，水发香菇、青豆各50克

调料 葱段、姜片、香菜叶、胡椒粉、淀粉、植物油、料酒、香油、酱油、白糖、盐各适量

做法

1. 鸭洗净切块，加盐、料酒、胡椒粉腌15分钟，再蘸上酱油入油锅炸至棕红，捞出沥干。香菇洗净切小块。青豆、香菜洗净。

2. 热油锅爆葱段、姜片，下香菇、青豆煸炒至香，加入盐、白糖烧滚装盘，放入鸭块、啤酒，移至蒸锅以旺火蒸熟。拣去葱段、姜片，汤汁回锅下淀粉勾芡后浇在鸭块上，淋香油、撒香菜即可。

原料 鸭腿400克

调料 葱花、姜末、蒜末、香菜段、干辣椒段、熟白芝麻、淀粉、料酒、生抽、植物油、白糖、盐各适量

做法

1. 鸭腿洗净，剁成条，加盐、生抽、白糖、料酒、淀粉抓匀上浆，腌渍入味。

2. 锅入植物油烧热，放入腌好的鸭腿条，炸至外焦里嫩，色泽红亮，捞出控油。

3. 锅中留油，放入葱花、蒜末、姜末、干辣椒段炒香，倒入炸好的鸭腿条，撒入香菜段、熟白芝麻，翻炒均匀，出锅装盘即可。

清汤柴把鸭 (汤)

原料 鲜鸭肉1000克，熟火腿、水发玉兰片、水发大香菇、水发青笋各100克

调料 葱段、胡椒粉、清汤、熟猪油、鸡油、盐各适量

做法

1. 鸭肉煮熟，剔骨，切条。香菇、熟火腿、玉兰片、青笋均切丝。

2. 取鸭条、火腿、玉兰片、香菇丝，用青笋丝从中间缚紧，捆成小柴把形状，码入瓦钵内，加熟猪油、盐、清汤，再加入鸭骨，入笼蒸40分钟，去鸭骨，原汤滗入炒锅，鸭子翻扣在大汤碗里。

3. 在盛鸭原汤的炒锅内，加清汤烧开，放盐、葱段，倒在大汤碗里，撒胡椒粉，淋鸡油即可。

红枣炖鸭肉 (汤)

原料 鸭肉500克，红枣10克

调料 葱段、姜片、西芹叶、枸杞、盐各适量

做法

1. 鸭肉洗净，切块，入沸水中氽过备用。

2. 红枣、枸杞挑去杂质，洗干净。

3. 将鸭肉与红枣放入砂锅中，加水旺火烧沸。

4. 加姜片、葱段、盐，改用文火炖熟，盛在深碗内，放西芹叶即可。

酸萝卜马蹄炖鸭 (汤)

原料 仔鸭1250克，酸萝卜200克，马蹄（荸荠）100克

调料 姜片、鲜汤、料酒、盐各适量

做法

1. 先将仔鸭洗净，用盐、料酒码味20分钟。酸萝卜切成条状。马蹄去皮后削成圆状，备用。

2. 锅内放鲜汤加盐、料酒、姜片调好味。

3. 放入仔鸭、酸萝卜，煮至鸭肉八成熟时，加入马蹄，炖至鸭肉软熟即可。

原料 板鸭1只，土豆200克

调料 葱花、姜末、干辣椒节、四川豆瓣酱、鲜汤、蒸鱼豉油、茶油、酱油、盐各适量

做法

1. 板鸭入笼中旺火蒸1小时至透，取出凉凉，切长条，入沸水中旺火汆1分钟，捞出控水。

2. 土豆去皮洗净，切块。

3. 锅入茶油烧至七成热，放入干辣椒节、四川豆瓣酱、姜末文火煸香，放入土豆块、板鸭条文火翻炒2分钟，倒入鲜汤文火烧5分钟，加盐、酱油、蒸鱼豉油调味后出锅，放入深碗，撒葱花即可。

干锅板鸭煮土豆 汤

笋干老鸭煲 汤

原料 老鸭1只，笋干、火腿块或咸肉片各50克

调料 生姜、料酒、盐各适量

做法

1. 鸭子洗净切大块，汆水，去血水浮沫，汆水的时候放点料酒。

2. 笋干泡发，切段。把汆水冲净的鸭块放入砂锅中，放火腿块或咸肉片、盐、水，再放少许料酒、生姜。

3. 将笋干放入，开锅后转文火煲2小时，鸭肉熟烂即可。

口蘑灵芝鸭子煲 汤

原料 鸭子400克，口蘑125克，灵芝5克

调料 盐适量

做法

1. 鸭子洗净，斩块，汆水。

2. 口蘑洗净，切块。

3. 灵芝洗净，浸泡。

4. 煲锅上火倒入水，下入鸭子、口蘑、灵芝，放入盐调味，煲熟即可。

鸭腿味道鲜美，适于滋补，是各种美味菜肴的主要原料，腌、酱、烧、烩、炸、炖均可。鸭腿与海带共炖食，可软化血管，降低血压，对老年性动脉硬化和高血压、心脏病有较好的疗效。

营养功效：肉味甘、性寒，有滋补、养胃、补肾、除痨、消水肿、止热痢、止咳化痰等作用。

选购技巧：新鲜的鸭腿，体表光滑，呈乳白色，切开后切面呈玫瑰色，表明是优质鸭，如果鸭皮表面渗出轻微油脂，可以看到浅红或浅黄颜色，同时肉的切面为暗红色，则表明鸭的质量较差。变质鸭可以在体表看到许多油脂，色呈深红或深黄色，肌肉切面为灰白色、浅绿色或浅红色。

水晶鸭方 （凉）

原料 熟鸭腿200克，火腿丁50克，琼脂20克

调料 盐、清汤各适量

做法

1. 熟鸭腿肉改刀成长4厘米、宽2.5厘米的块，摆存平盘中，间距为3厘米。

2. 琼脂加清汤熬成水晶冻，加盐调味后倒入盛鸭的平盘中。

3. 撒上火腿丁，冷后切块即可食用。

脆椒鸭丁 （热）

原料 鸭腿肉400克，花生米100克

调料 干辣椒、蛋清、水淀粉、郫县豆瓣、植物油、红油、香油、料酒、白糖、盐各适量

做法

1. 花生米放入沸水煮1分钟，取出沥干，再将花生米放入热油中炸脆捞出，去皮。

2. 鸭腿肉切丁，用盐、蛋清、水淀粉上浆。锅入油烧热，将鸭丁炸至八成熟，捞出控油。

3. 干辣椒入油锅煸炒至焦黄，加郫县豆瓣炒香，倒入料酒，加盐、白糖，倒入鸭丁翻炒，淋红油，撒花生米炒匀，淋香油，装盘即可。

原料 鸭腿肉300克，火腿、莴苣各80克

调料 蛋清、水淀粉、葱段、熟猪油、清汤、黄酒各适量

做法

1. 鸭腿肉切方丁，用黄酒、蛋清捏上劲，加入水淀粉浆匀。莴苣切丁。火腿切方丁。
2. 取碗，放清汤、将水淀粉兑成碗芡。
3. 炒锅置旺火，下入熟猪油烧至三成热，倒入鸭丁滑散，呈玉白色时，捞出沥油。
4. 炒锅留底油，投入葱段煸出香味，加入鸭丁、火腿丁、莴苣丁，烹入黄酒，颠翻炒锅，倒入芡汁，淋上熟猪油即可。

鸭火炒脆丁 （热）

黑椒鸭丁 （热）

葱爆鸭片 （热）

原料 鸭腿肉300克，洋葱、彩椒各50克，鸡蛋1个

调料 黑椒汁、蚝油、鸡粉、胡椒粉、团粉、水淀粉、植物油、香油、料酒、生抽、老抽、白糖、盐各适量

做法

1. 鸭腿肉切丁，放老抽、盐、团粉拌匀浆好。彩椒切块。洋葱切丁。
2. 浆好的鸭丁入油锅滑熟，捞出控油。
3. 锅留底油烧热，放洋葱煸出香味，放彩椒、鸭丁、料酒、黑椒汁、蚝油、生抽、盐、白糖、鸡粉、胡椒粉、水翻炒几下，水淀粉勾芡，炒匀，淋香油，出锅即可。

原料 鸭腿肉500克

调料 葱、葱花、植物油、酱油、盐各适量

做法

1. 鸭腿肉洗净，切成片。葱洗净，取葱白部分，切成长段。
2. 锅入油烧至七成热，放入鸭片翻炒均匀，待鸭片皮酥肉热时，再入葱白翻炒，放入盐，烹入酱油迅速翻炒，见鸭片挂色均匀，出锅，撒葱花，装入盘中即可。

鸭杂

鸭杂是鸭杂碎的统称，包括鸭心、鸭肝、鸭肠和鸭胗等，鲜美可口，且营养丰富，以拌、炒、烩、卤等烹饪方法烹饪最佳。

营养功效：补血、解毒、健胃。用于失血血虚或小儿白痢似鱼冻者。

选购技巧：鸭血有较大的腥味，颜色稍微偏暗。鸭血比起猪血颜色要暗，弹性较好。真鸭血细腻而嫩滑。质量好的鸭肠呈乳白色，黏液多，异味较轻，具有韧性，不带粪便及污物。不要选购色泽变暗，呈淡绿色或灰绿色，组织软，无韧性，黏液少且异味重的鸭肠。

南煎鸭肝 〔热〕

原料 鸭肝8个

调料 葱白末、蒜末、五香粉、胡椒粉、淀粉、熟猪油、香油、酱油、绍酒、白糖、盐各适量

做法

1. 鸭肝洗净去筋膜，切块，加绍酒、盐腌制入味。用五香粉、胡椒粉、白糖、酱油、淀粉调成味汁。

2. 煎锅置旺火上，加入熟猪油烧至九成热，放入鸭肝块边煎边撒盐，煎至刚熟。

3. 滗去锅中余油，放葱白末、蒜末略炒出香味。烹入味汁炒匀，放煎好的鸭肝片入味，淋香油炒匀，出锅即可。

山椒炒鸭肠 〔热〕

原料 鸭肠400克，洋葱50克

调料 葱、干葱、青椒丝、香菜、野山椒、植物油、香油、酱油、料酒、白糖、盐各适量

做法

1. 鸭肠用盐、水反复搓洗，晾干水分。

2. 洋葱洗净，切丝。香菜洗净切碎。干葱切碎，葱切段。

3. 锅入油烧热，下干葱爆香，放野山椒、青椒丝、洋葱丝，加盐炒出香味，倒入鸭肠和少许料酒、酱油、白糖爆炒片刻，倒入葱段、香菜、香油，快速爆炒至鸭肠卷曲即可。

泡菜鸭血

（原料）鸭血200克，泡菜100克，野山椒15克

（调料）姜末、蒜末、高汤、胡椒粉、蚝油、色拉油、盐各适量

（做法）

1. 鸭血切块，入沸水汆水，备用。

2. 泡菜切片，备用。

3. 野山椒洗净，备用。

4. 锅放色拉油烧热，炒香姜末、蒜末，倒入高汤、鸭血、泡菜、野山椒烧开，加盐、胡椒粉、蚝油调味，烧3分钟即可。

四季豆鸭肚

（原料）四季豆60克，鸭肚50克

（调料）葱、辣椒、生抽、香油、植物油、盐各适量

（做法）

1. 四季豆洗净，入开水中烫熟，捞起装盘。

2. 辣椒、鸭肚、葱洗净，均切丝。

3. 油锅烧热，下鸭肚煸炒，入辣椒、葱炒香，加水焖3分钟。

4. 放盐、生抽、香油调味，旺火爆炒均匀，装盘即可。

剁椒蒸鸭血

（原料）鸭血400克，肉末30克

（调料）葱、小红辣椒、胡椒粉、五香粉、绍酒、盐各适量

（做法）

1. 鸭血切成块。葱切末。小红辣椒剁碎。

2. 将盐、胡椒粉、五香粉、绍酒放入鸭血内腌渍半小时。

3. 锅中入油烧热，煸香葱末，放入肉末煸炒出香味，加小红辣椒碎炒熟，炒出香味，加少许盐调味，制成佐料。

4. 将煸好的佐料倒在腌好的鸭血上，上蒸锅蒸10分钟即可出锅。

鸭掌

鸭掌筋多，皮厚，无肉。筋多则有嚼劲，皮厚则含汤汁，肉少则易入味。适于酱、烧、腌、卤，还可以做汤。

营养功效：鸭掌含有丰富的胶原蛋白，和同等质量的熊掌营养相当，有平衡膳食的作用。

选购技巧：鸭掌选购时选择筋多，皮厚，无肉的为好，新鲜鸭掌有弹性，用手指触压能很快反弹回来，表面饱满且有光泽，而放置长久的鸭掌则干缩无弹性，手指压后很难恢复原状。

姜汁鸭掌（凉）

原料 鸭掌400克

调料 葱末、姜末、姜末、清汤、香油、酱油、醋、料酒、盐各适量

做法

1. 鸭掌入锅煮透，洗净，去骨筋、杂质，装碗，加清汤，放姜末、葱末、料酒，上笼蒸至熟透取出，去掉姜、葱，将鸭掌凉凉装盘。

2. 碗内放盐、酱油、醋、姜末、香油调成味汁，浇在鸭掌上即可。

京东烩鸭掌（汤）

原料 鸭掌500克，青菜心100克，笋片、水发冬菇各30克

调料 葱段、姜块、熟鸡油、清汤、水淀粉、黄酒、盐各适量

做法

1. 鸭掌放入锅中煮熟，凉透，再从掌背出骨，去净骨节。青菜心洗净，过油。冬菇洗净，切片。

2. 锅入清汤、冬菇、葱段、姜块、鸭掌、笋片、黄酒、盐烧沸，用水淀粉勾芡，拣去葱段、姜块，淋熟鸡油，青菜心垫底，装盘即可。

山椒泡鸭掌（汤）

原料 鸭掌500克，胡萝卜20克

调料 红椒丁、花椒、野山椒、柠檬片、八角、泡辣椒、胡椒粉、泡菜水、白糖、盐各适量

做法

1. 鸭掌煮至断生捞出，凉凉。胡萝卜切片，煮熟捞出。

2. 八角、胡椒粉、盐、花椒加水烧沸出味，凉凉，加泡菜水、盐、野山椒、花椒、白糖、红椒丁、胡萝卜、柠檬片、泡辣椒、鸭掌泡制12小时后即可食用。

鸭头

鸭头为鸭的头部，多用来制作冷菜，以酱、卤居多，也可以烧、烤、做汤等。

营养功效：治水肿，通利小便，排毒瘦身，健体美颜。

选购技巧：新鲜鸭头眼球饱满，眼睛色泽明亮，而且眼睛还呈全开或半开状，色泽洁白，无异味。如果鸭头放久了或已经变质，鸭头的眼睛会凹陷下去，如果是病死鸭，眼睛很浑浊。

凉拌鸭舌

原料 鸭舌200克，黄瓜1根，红尖椒1个

调料 盐、料酒、胡椒粉、生抽、花椒油、姜汁酒、清汤各适量

做法
1. 鸭舌加姜汁酒、清汤煮熟。
2. 黄瓜切斜片，码在盘上。红尖椒切丝。
3. 鸭舌去除舌膜、舌筋，加盐、料酒、胡椒粉、生抽、花椒油拌匀稍腌，摆在黄瓜片上，撒少许红椒丝即可。

干锅鸭唇

原料 鸭下巴5个，藕片50克

调料 葱段、姜片、蒜片、豆瓣酱、干辣椒、泡辣椒、红尖椒条、青尖椒条、豆豉、花椒、卤水、色拉油各适量

做法
1. 鸭下巴入卤水中文火卤40分钟，捞出。入锅油浸炸，捞出控油。藕片炸脆。
2. 姜片、葱段、干辣椒、蒜片入油锅煸香，放花椒、豆瓣酱、泡辣椒、豆豉文火炒香，放鸭下巴、青红尖椒条中火翻炒2分钟，出锅即可。

麻辣鸭下巴

原料 鸭下巴250克

调料 葱末、姜末、蒜片、干辣椒节、熟芝麻、花椒粉、色拉油、酱油、盐各适量

做法
1. 鸭下巴洗净，加入葱末、姜末、花椒粉、盐腌制10小时。
2. 将腌制好的鸭下巴下油锅炸至呈金黄色，捞出。锅内留少许油，放入干辣椒节、花椒粉、蒜片、鸭下巴、酱油、熟芝麻翻炒入味，起锅即可。

鹅肉鲜嫩松软,清香不腻,以煨汤居多,也可熏、蒸、烤、烧、酱、糟等。鹅肉营养丰富,脂肪含量低,不饱和脂肪酸含量高。

营养功效: 鹅肉含蛋白质、钙、磷、钾、钠等营养成分,补阴益气、暖胃开津、祛风湿防衰老。

选购技巧: 新鲜的鹅肉外表应有光泽,颜色应是红而均匀的,其脂肪为白色,外表应是微干的,不粘手,用手压鹅肉后的凹陷应能立即恢复。新鲜的鹅肉无异味,不应有发霉、发臭等味道。

干锅鹅肠 （热）

原料 净鹅肠300克,青椒、红椒各1个

调料 葱末、姜末、蒜瓣、高汤、辣妹子酱、豆瓣酱、色拉油、料酒、酱油、盐各适量

做法

1. 鹅肠氽水,切段。青椒、红椒切小块。

2. 锅入油烧热,下豆瓣酱、葱末、姜末旺火煸香,下鹅肠煸炒30秒,烹料酒,放入辣妹子酱、蒜瓣,用酱油上好色,放入盐、高汤,改文火煨5分钟,放青椒块、红椒块翻炒出锅,装入干锅带火上桌。

酱爆鹅脯 （热）

原料 鹅脯肉300克,青椒、红椒、油菜各30克

调料 甜面酱、醋、酱油、白糖、盐各适量

做法

1. 鹅脯肉洗净,切片。青椒、红椒洗净,切片。油菜洗净,烫熟,摆在盘底。

2. 锅入油烧热,放入鹅脯肉翻炒至变色,加甜面酱炒香,下青椒片、红椒片炒匀,再加入盐、醋、酱油、白糖翻炒熟透入味,起锅摆盘中油菜上即可。

补骨鹅肉煲 （汤）

原料 净鹅肉350克,白萝卜300克,补骨脂10克

调料 清汤、姜汁、料酒、盐各适量

做法

1. 补骨脂、鹅肉、白萝卜洗净,鹅肉切成1.5厘米见方的块,白萝卜切滚刀块。

2. 砂锅内放清汤、料酒、鹅肉,用旺火烧开后,撇去浮沫,加姜汁、白萝卜、补骨脂,旺火烧开后改用文火炖3小时,待鹅肉酥烂后,用盐调味即可。

Part **5**

水产

　　水产是海洋、江河、湖泊里的动物或藻类等的统称，包括各种海鱼、河鱼和其他各种水产动植物，如虾、蟹、蛤蜊、海参、海蜇和海带等。它们是蛋白质、无机盐和维生素的良好来源，尤其蛋白质含量丰富。鱼类蛋白质属优质蛋白，易为人体消化吸收，比较适合病人、老年人和儿童食用，且脂肪含量低，对防治动脉硬化和冠心病有一定的作用。

草鱼

草鱼属鲤形目鲤科雅罗鱼亚科草鱼属。草鱼的俗称有：鲩、油鲩、草鲩、白鲩、草根（东北）、混子、黑青鱼等。栖息于平原地区的江河湖泊，一般喜居于水的中下层和近岸多水草区域。性活泼，游泳迅速，常成群觅食。

营养功效：富含蛋白质、脂肪、钙、磷、铁、维生素B$_1$、维生素B$_2$、维生素B$_3$等，具有暖胃和中、平肝、祛风、治痹之效。

选购技巧：鲜草鱼鳃色泽鲜红，有的还带血，无黏液和污物，无异味。鱼眼光洁明亮，略呈凸状，完美无遮盖。鱼表皮有光泽，鳞片完整，紧贴鱼身，鳞层鲜明。鱼鳍的表皮紧贴鳍的鳍条，完好无损，色泽光亮。

辣椒泡鱼 （凉）

原料 草鱼1条（约800克），鲜红辣椒3个，黄瓜1根

调料 姜片、蒜片、干辣椒节、红枣、枸杞、大料、小茴香、白蔻、冰糖、白酒、盐各适量

做法

1. 草鱼洗净，取鱼肉切成片，氽至八成熟时捞出。黄瓜洗净，切条。红辣椒洗净。

2. 将干辣椒节、姜片、蒜片、红枣、枸杞泡入冷开水碗中，加盐、冰糖、白酒调味，另将大料、小茴香、白蔻用纱布包好，浸泡碗中5小时，即成卤汁。

3. 将鱼片、鲜红辣椒、黄瓜入卤汁中浸泡30分钟，即可捞出食用。

白炒鱼片 （热）

原料 草鱼1条（约600克），黄瓜片、胡萝卜片各15克，水发木耳片20克

调料 葱末、姜末、蒜末、水淀粉、色拉油、料酒、酱油、香醋、白糖、盐各适量

做法

1. 草鱼洗净，取下净鱼肉，斜刀片成片，放入碗中，加盐、料酒、水淀粉拌匀上浆。锅入色拉油，下鱼片滑油至熟，倒入漏勺沥去油。

2. 锅内留底油烧热，炒香葱末、姜末、蒜末，放黄瓜片、胡萝卜片、木耳片、鱼片、盐、香醋、白糖、料酒、酱油，炒匀后用水淀粉勾芡，淋明油即可。

原料 草鱼1条，鸡蛋1个

调料 葱花、面包粉、花生仁、干辣椒、豆瓣酱、
白糖、盐各适量

做法

1. 鸡蛋打散成蛋液。

2. 草鱼洗净，去肉，切成丁。加鸡蛋液拌匀，拍
上面包粉入热油锅略炸，捞出备用。

3. 锅中留底油烧热，下豆瓣酱、干辣椒炒香，加
鱼丁、盐、白糖烧至入味，加入花生仁、葱花
炒匀即可。

宫保鱼丁 （热）

椒盐鱼米 （热）

干烧鱼头 （热）

原料 草鱼肉500克，蛋清1个

调料 姜末、蒜末、芝麻、青椒末、红椒末、洋葱
末、胡椒粉、淀粉、色拉油、香油、椒盐、
盐各适量

做法

1. 草鱼肉切丁，加盐、蛋清、淀粉拌匀，备用。

2. 锅入油烧至六成热，将草鱼丁炸至外焦里嫩、
色泽浅黄，备用。

3. 锅留底油烧热，将胡椒粉、芝麻、姜末、蒜末
炒香，下鱼丁，略翻炒，淋香油，撒上青椒
末、红椒末、洋葱末、椒盐翻匀出锅即可。

原料 草鱼头1个

调料 姜片、蒜瓣、青椒丝、红椒丝、胡椒粉、
水淀粉、淀粉、米酒、酱油、植物油、香
油、白糖、盐各适量

做法

1. 草鱼头洗净，用米酒、胡椒粉、盐腌渍，拍上
淀粉，入油锅中以旺火炸至表面金黄盛出。

2. 锅中留余油，爆香姜片、蒜瓣，淋上米酒及酱
油，加水、白糖、胡椒粉，放入鱼头转中火烧
煮。待汤汁收浓时，淋香油，用水淀粉勾芡，
装入盘中，放上青椒丝、红椒丝即可。

红烧肚档

原料 草鱼1条（约1500克）

调料 葱花、姜末、葱段、水淀粉、熟猪油、酱油、米醋、料酒、白糖、盐各适量

做法

1. 草鱼去鳞，洗净，取腹部肉，切5厘米长、4厘米宽的长方形。

2. 锅置火上，加熟猪油烧热，下葱段爆香，放鱼块稍煎，烹入料酒，下姜末、酱油、白糖、米醋、盐，烧沸后改用文火炖10分钟，收汁用水淀粉勾芡，淋猪油装盘，撒上葱花即可。

锅塌鱼盒

原料 草鱼肉300克，羊肉馅150克，鸡蛋2个

调料 葱花、姜末、淀粉、孜然粉、鲜汤、植物油、香油、料酒、盐各适量

做法

1. 鸡蛋磕入碗中打散。草鱼肉洗净，斜刀切成夹刀片，加盐、蛋清、淀粉拌匀。鸡蛋液与淀粉调成糊。

2. 羊肉馅加适量盐、孜然粉拌匀，用鱼肉片将羊肉馅包起做成鱼盒，摆放盘中，浇上蛋糊。

3. 锅中加油烧热，将鱼盒慢慢推入锅中，文火煎至鱼盒两面金黄，放入姜末、料酒、鲜汤调味后烧至汁收，撒葱花，淋香油，装盘即可。

辣子鱼块

原料 鲜草鱼肉500克，泡红辣椒50克

调料 葱节、姜片、蒜片、高汤、酱油、醋、料酒、白糖、盐各适量

做法

1. 草鱼肉洗净，切成3厘米见方的块，加料酒、盐腌渍1小时。

2. 锅入油烧至七成热，放入泡红椒炒出红色，加姜片、葱节、蒜片炒出香味，烹入料酒，加酱油、盐、白糖，倒入草鱼块、高汤，烧开后改用文火烧，待汁收干时，加入醋，起锅即可。

原料 草鱼肉200克，水发香菇75克，鸡蛋1个

调料 葱段、姜片、蒜片、高汤、干淀粉、水淀
粉、胡椒粉、植物油、香油、酱油、料酒、
盐各适量

香菇鱼块 热

做法

1. 香菇去根，洗净，装碗加高汤、姜片、葱段，
上笼蒸2小时。草鱼肉切块用料酒、盐、胡椒粉
腌30分钟，鸡蛋液和干淀粉调成糊，放入鱼块
拌匀。

2. 锅入油烧热，放草鱼块，滑油捞出。倒去锅内
余油，下姜片、葱段、蒜片炒香，加高汤，放
鱼块、香菇、酱油、盐、料酒，慢火烧透入
味。用水淀粉勾芡，将汁收浓，淋香油即可。

豉椒鱼尾 热

沸腾鱼 热

原料 草鱼尾1个，笋片30克，鸡蛋1个

调料 青蒜、干辣椒、豆豉、鸡汤、水淀粉、植物
油、酱油、醋、料酒、白糖、盐各适量

做法

1. 鱼尾用盐腌10分钟，用水淀粉、鸡蛋液上浆。

2. 锅入油烧至八成热，下入鱼尾炸至金黄色捞出。

3. 锅留底油烧热，放干辣椒爆香，放豆豉、鱼
尾、笋片、青蒜、盐、酱油、醋、白糖、料酒
煸炒。

4. 放鸡汤用微火焖透，淋水淀粉勾芡出锅装盘。

原料 草鱼1条，黄豆芽100克

调料 香葱花、葱、姜、灯笼椒、花椒、鸡粉、生
粉、植物油、红油、盐各适量

做法

1. 草鱼刮净鱼鳞，洗净，剔下鱼肉，片成大片，
加鸡粉、盐、生粉略腌，鱼骨剁成块。

2. 黄豆芽洗净，放开水锅中加盐煮入味，倒入容
器内。

3. 锅入油烧热，放葱、姜、鱼骨煎透，加水煮成
鱼浓汤，盛在豆芽上，将腌好的鱼片均匀地放
在上面。

4. 锅入红油烧热，放入花椒、灯笼椒，浇在鱼肉
上，将鱼肉浸熟，撒香葱花。

清蒸鱼头尾 〔热〕

原料 草鱼头1个，草鱼尾1个

调料 葱丝、姜丝、红辣椒丝、花椒、白醋、料酒、生抽、盐各适量

做法

1. 草鱼头从中间剖开，和草鱼尾洗净后，一起放在盘中，淋少许白醋，浸2分钟后再洗净。

2. 在洗好的鱼头、鱼尾上撒一层盐，放入姜丝，入锅中蒸10分钟。

3. 将蒸好的鱼取出，去掉姜丝和汤，浇上生抽、料酒、葱丝、姜丝、红椒丝，烧热油下花椒炸香后淋在鱼头、鱼尾上即可。

鱼片蒸豆腐 〔热〕

原料 鲜草鱼片，嫩豆腐、鸡蛋各100克

调料 葱花、姜丝、红椒粒、胡椒粉、生粉、料酒、盐各适量

做法

1. 草鱼片洗净，用盐、料酒、姜丝、蛋清和生粉腌制半个小时左右。嫩豆腐用开水焯下。

2. 将嫩豆腐压碎，加入鸡蛋、盐、胡椒粉搅拌均匀，装入碗中，腌制好的鱼片摆在上面，盖上保鲜膜，开水锅蒸8~10分钟取出，撒上葱花和红椒粒，将热油浇在豆腐、鱼片上即可。

干锅瓦块鱼 〔热〕

原料 草鱼块500克

调料 葱丝、蒜头、豆瓣酱、鸡粉、淀粉、干姜粉、精炼油、生抽、料酒、白糖各适量

做法

1. 锅置于中火预热，放入精炼油，将草鱼块拍淀粉放入锅内，放蒜头文火煎一下。

2. 烹入料酒、豆瓣酱、干姜粉、生抽、白糖、鸡粉，盖上盖，文火焖20分钟。

3. 撒入葱丝，泼热油一勺，倒在砂锅里即可。

原料 风吹鱼400克

调料 香葱、葱花、蒜、干辣椒、豆豉、蒸鱼豉油、植物油、盐各适量

做法

1. 香葱切末。蒜切末。干辣椒切长段。

2. 将风吹鱼用冷水泡30分钟，取出后切成宽条摆在盘内。

3. 锅入植物油烧至六成热，下豆豉、干辣椒段、蒜末煸香，加盐调味，盖在鱼上，再淋入蒸鱼豉油，上笼蒸15分钟。

4. 取出撒葱花，淋上烧热的植物油即可。

豆辣蒸风吹鱼 热

咸鱼蒸茄子 热

原料 咸鱼400克，茄子150克

调料 葱丝、红椒丝、蒸鱼豉油、胡椒粉、色拉油、白糖、盐各适量

做法

1. 茄子切长条，过油，摆入盘中。

2. 咸鱼切片，摆在茄子上。

3. 盘内加入蒸鱼豉油、盐、胡椒粉、白糖，上笼蒸熟，撒上葱丝、红椒丝、淋上热油即可。

咸鱼蒸豆腐 热

原料 嫩豆腐100克，咸巴鱼、五花肉各60克

调料 姜丝、干辣椒丝、青椒丝、红椒丝、花生油、酱油、料酒各适量

做法

1. 咸巴鱼切丝。豆腐切片。五花肉切丝。

2. 将豆腐摆在盘底。

3. 放咸鱼丝、五花肉丝、干辣椒丝、青红椒丝、姜丝，淋花生油、料酒、酱油。

4. 上蒸笼以中火蒸20分钟即可。

鲫鱼

鲫鱼是主要以植物为食的杂食性鱼，喜群集而行，择食而居。肉质细嫩，肉味甜美，鲫鱼分布广泛，全国各地水域常年均有生产，以2～4月份和8～12月份的鲫鱼最为肥美，为我国重要食用鱼类之一。

营养功效： 鲫鱼富含蛋白质、脂肪、钙、磷、铁、锌、维生素A、维生素B，具有温中补虚、健脾利水之效。

选购技巧： 挑选鲫鱼以身体扁平、颜色偏白者为佳，这样的鱼肉质很嫩。新鲜的鱼眼略凸出，眼球黑白分明，眼白发亮。次鲜鱼的眼下塌，眼球发浑。新鲜鱼鱼唇坚实，不变色，腹紧，肛门周围呈一圆坑状。

干烧海虾鲫鱼 （凉）

原料 新鲜鲫鱼1条，基围虾100克

调料 葱段、姜片、蒜片、红辣椒段、豆瓣酱、白酒、老抽、白糖、醋、水淀粉、油各适量

做法

1. 鲫鱼洗净，用刀在两侧划几道，抹干表面水分，与基围虾一同入八成热的油锅炸至表面金黄，捞出沥油。

2. 锅留底油，放入蒜片、葱段、姜片、红辣椒段炒香，再放豆瓣酱炒出红色，加白酒、老抽和白糖调好味，把鱼虾放入，用文火略烧。

3. 鱼熟后盛出，在汤汁中加入醋，用水淀粉勾芡，淋在鱼虾上即可。

干烧鲫鱼 （热）

原料 鲫鱼500克，猪肉100克

调料 葱段、泡红辣椒、醪糟汁、高汤、菜油、酱油、白糖、盐各适量

做法

1. 鲫鱼剖腹，去鳞、腮、内脏，洗净。在鱼身两面划几刀，抹上盐腌2分钟，锅内放菜油烧至六成热时，鱼下锅煎成浅黄色，铲起备用。将猪肉剁成细末。

2. 锅入油烧热，下肉末爆至散开、亮油、肉酥时，放葱段、泡红辣椒煸炒几下，下鱼，加醪糟汁、白糖、酱油及高汤，在文火上反复烧到汤干、亮油时，将鱼入碟，再将锅剩余汤汁、原料浇在鱼上即可。

（原料）鲫鱼500克

（调料）葱末、姜末、蒜末、花椒、清汤、植物油、料酒、食醋、酱油、白糖、盐各适量

（做法）

1. 鲫鱼去鳃、内脏、鳞，洗净。

2. 锅入植物油烧至七成热，放入鲫鱼炸至两面呈金黄色，捞出控油。

3. 锅留底油烧热，放入白糖、食醋、葱末、姜末、料酒、蒜末炒出香味，加入清汤、酱油、花椒、盐、烧开后，放入鲫鱼，盖上盖文火焖1小时，至骨酥即可。

醋焖酥鱼 （热）

榨菜蒸鱼块 （热）

（原料）鲫鱼1条，榨菜丝、猪肉末各100克

（调料）葱花、姜丝、红辣椒丝、蚝油、蒸鱼酱油、植物油、香油、料酒、白糖、盐各适量

（做法）

1. 鲫鱼切块，抹盐，腌制5分钟。

2. 榨菜丝、猪肉末加油、料酒、蚝油、蒸鱼酱油、白糖拌匀，腌制15分钟入味。

3. 在鲫鱼块上撒少许姜丝，将腌好的肉末、榨菜丝铺在鱼身上，腌制15分钟入味。

4. 将鲫鱼盖上一层保鲜膜，中火隔水清蒸15分钟，取出撒葱花，淋香油即可。

椒盐鲫鱼串 （热）

（原料）活鲫鱼1条（约400克）

（调料）葱段、姜片、植物油、料酒、花椒盐、盐各适量

（做法）

1. 鲫鱼宰杀，去内脏、鳞，洗净，剖成两片，装入碗内用盐、姜片、葱段、料酒腌渍入味，用竹签自头穿到尾。

2. 取干净炒锅，置火上烧热，放入植物油，待油温升至六成热时，下入腌渍好的鲫鱼串炸至外脆内熟，捞出沥油装盘。撒上花椒盐，即可。

茶香鲫鱼 （热）

原料 小鲫鱼250克

调料 葱花、姜片、蒜片、茶叶、精炼油、生抽、料酒、白糖、盐各适量

做法

1. 鲫鱼宰杀清腹洗净，用刀在鱼的背面划几刀，加盐、生抽、料酒、生姜、葱、蒜腌制5分钟。

2. 锅入精炼油烧至150~180℃时，下鲫鱼浸炸干水分后，捞出控油，另起锅烧热，放入茶叶、白糖混合炒匀，入味，最后将鲫鱼摆放在茶叶上面，加盖烟熏15分钟后，装盘即可。

酥炸鲫鱼 （热）

原料 鲫鱼4条（约500克）

调料 葱段、姜片、花椒、花生油、料酒、盐各适量

做法

1. 鲫鱼去鱼鳞、内脏，洗净，沥干水分。

2. 处理好的鲫鱼加葱段、姜片、花椒、料酒、盐拌匀，腌渍入味。

3. 锅入花生油烧至七成热，将腌好的鲫鱼逐条放入油锅中，反复浸炸，炸至鲫鱼酥脆、呈金黄色，捞出控油，装盘即可。

五香熏鱼 （热）

原料 鲫鱼500克

调料 葱花、蒜末、姜末、醪糟汁、糖色、鲜汤、五香粉、胡椒粉、精炼油、香油、料酒、白糖、盐各适量

做法

1. 鲫鱼切块，加盐、料酒码味，静置半小时，再入油锅炸至金黄色。

2. 锅入油烧至150℃，加葱花、姜末、蒜末炒香，倒入鲜汤，放鱼块、盐、白糖、五香粉、胡椒粉、醪糟汁、糖色烧沸后移到文火上烧至汁干亮油，淋香油，放葱花收一下起锅装入熏盘内，在放有柏枝的热熏箱内熏制约2分钟，取出装盘即可。

原料 鲫鱼1条（约250克），鸡蛋2个

调料 姜丝、葱花、熟猪油、香油、酱油、料酒、盐各适量

鲫鱼炖鸡蛋 汤

做法

1. 鲫鱼洗净，剞花刀，抹上盐、料酒，略腌。

2. 鸡蛋打入汤碗中，搅散后加适量水、熟猪油、酱油、盐调匀。

3. 将鲫鱼放入蛋液内，撒上姜丝，上蒸锅蒸15分钟，出锅后撒上葱花，淋上香油和酱油即可。

北风酸菜鱼 汤

原料 鲫鱼1条，北风菌菜、酸菜、泡椒各50克

调料 姜片、蒜瓣、红辣椒段、花椒水、高汤、鸡粉、白胡椒、植物油、料酒、盐各适量

做法

1. 北风菌菜洗净，撕成片。鲫鱼去鳞、鳃、内脏，洗净，加盐、料酒、花椒水腌渍30分钟，入油锅中煎熟，取出备用。

2. 锅入油烧热，下入泡椒、姜片、蒜瓣、酸菜炒香，再淋入料酒，加盐、鸡粉拌炒，加高汤、鲫鱼、红辣椒段、白胡椒粉煮至汤白即可。

鱼蓉蛋 汤

原料 白鱼肉蓉20克，熟咸鸭蛋黄100克，木耳、笋片、胡萝卜片、菜心各适量

调料 葱汁、姜汁、鸡清汤、料酒、盐各适量

做法

1. 白鱼肉蓉加葱汁、姜汁、料酒、盐腌渍，搅拌上劲。熟咸鸭蛋黄剁细成馅心。木耳、笋片、胡萝卜片、菜心分别烫熟。

2. 馅心包入白鱼肉蓉内，挤成大鱼圆，入水锅中煮熟捞出，倒入鸡清汤内，加木耳、笋片、胡萝卜片、菜心烧沸，加盐调味即可。

奶油鲫鱼 （汤）

原料 鲫鱼500克，豆苗、笋片、火腿片各30克

调料 葱丝、姜丝、蒜片、枸杞、高汤、胡椒粉、花生油、料酒、醋、白糖、盐各适量

做法

1. 鲫鱼去鳃、鳞、内脏，洗净，在鱼背上剞花刀，下入沸水锅内烫一下捞出。豆苗洗干净。

2. 锅入花生油烧热，下葱丝、姜丝、蒜片、醋爆香，放鲫鱼略煎，翻身，烹入料酒略焖，放入高汤、白糖、胡椒粉，盖锅盖煮开约3分钟，改至中火焖3分钟，放笋片、火腿片、枸杞、盐，旺火烧滚至汤成白色，加入豆苗略滚即可。

五丁大鱼圆 （汤）

原料 白鱼肉蓉200克，蟹黄、笋丁、虾仁、蘑菇、海参各50克

调料 料酒、盐、清汤各适量

做法

1. 鱼蓉加料酒、盐腌渍并搅拌上劲。蟹黄、笋丁、虾仁、蘑菇、海参切碎，加盐做成馅心。

2. 馅心包入鱼蓉内，入锅中煮熟捞出，放入清汤中烧沸，加盐调味即可。

番茄柠檬炖鲫鱼 （汤）

原料 鲫鱼1条，青菜、番茄、柠檬片各100克

调料 胡椒粉、植物油、料酒、盐各适量

做法

1. 鲫鱼去腮、鳞、内脏，洗净，加入盐、柠檬腌制片刻。番茄洗净，切成块备用。

2. 锅入植物油烧热，下鲫鱼煎至两面上色，再加入热水烧开，撇去浮沫，放入番茄、柠檬片、青菜，用旺火烧5~8分钟，加入盐、料酒、胡椒粉调味，出锅即可。

鲤鱼

鲤鱼是亚洲原产的温带性淡水鱼。生活在平原上的暖水湖或水流缓慢的河川里，分布在除澳洲和南美洲外的全世界。

营养功效： 富含蛋白质、钙、磷、铁、维生素A、维生素B_1、维生素B_2、维生素C等营养成分，有开胃健脾、利小便、消腹水、消水肿、止咳平喘与通乳之功效。

选购技巧： 挑选鲤鱼时应注意，最好的鱼往往游在水的下层，呼吸时鳃盖起伏均匀，生命力旺盛。稍差的鱼游在靠近水表层，鱼嘴贴近水面，尾部下垂。鲤鱼身上无病斑、身形匀称，眼睛有神，尾鳍下分叉为红色，肛门后到尾鳍前为金黄色为佳。

大蒜家常豆腐鱼 （热）

（原料）鲤鱼650克，豆腐条250克

（调料）豆瓣酱、酱油、料酒、盐、葱段、姜片、蒜、淀粉、猪油（炼制）各适量

（做法）

1. 鲤鱼收拾干净，用刀在鱼身两侧剞十字花刀。

2. 锅中放油烧热，将鱼下锅炸至两面金黄色时捞出，余油倒出，留少许，把豆瓣酱、蒜下锅稍炒。待出香味时把葱段、姜片、酱油、料酒、盐和豆腐条一同下锅，烧开，改用文火慢烧。待鱼烧透，将鱼捞在盘中，将锅中汤适量勾芡烧熟，浇在鱼上即可。

麻婆豆腐鱼 （热）

（原料）鲤鱼1条，猪肉末、北豆腐各150克

（调料）葱末、姜末、蒜末、豆瓣酱、青蒜段、高汤、水淀粉、花椒面、食用油、料酒、酱油、盐各适量

（做法）

1. 宰杀好的鲤鱼两面改上花刀。北豆腐切块焯水。

2. 锅入油烧至五成热，放入鱼炸至两面上色、定型，捞出控油。

3. 锅里留底油烧热，放入葱末、姜末、蒜末炒香，下肉末、豆瓣酱、料酒炒匀，加适量高汤，放入鱼和豆腐块，烧沸后加盐、花椒面、酱油转文火烧至汤汁变浓，豆腐入味后用水淀粉勾芡，撒上青蒜段即可。

煎烤番茄鱼 热

原料 净鲤鱼肉500克，蘑菇片100克，洋葱末、番茄丁、芹菜末各50克

调料 蒜末、黑芝麻、香叶、丁香、番茄酱、胡椒粉、辣椒粉、干面粉、植物油、白酒、盐各适量

做法

1. 锅入油烧热，放洋葱末、蒜末炒香，放番茄丁、香叶、丁香、番茄酱、辣椒粉、水煮沸，放入芹菜末略煮，即成番茄沙司。鱼肉切条，用白酒、盐、胡椒粉略腌。

2. 将鱼条裹干面粉煎至两面金黄色，放烤盘，鱼条上面放蘑菇片，浇上加工好的番茄沙司，入烤箱烤15分钟取出，撒黑芝麻即可。

麻辣烤鱼 热

原料 鲤鱼1条，洋葱50克

调料 蒜末、姜末、干辣椒、火锅底料、郫县豆瓣、豆豉、色拉油各适量

做法

1. 鲤鱼去除内脏清洗干净，擦干水分。洋葱切丝。

2. 把鱼放入盘子里，撒上姜末，淋上1大匙色拉油，入220℃烤箱，烤25分钟。

3. 火锅底料放油锅，慢慢煸出红油，倒入郫县豆瓣和豆豉，再放入蒜末、干辣椒煸炒，倒入小半碗清水略煮片刻。

4. 取出烤鱼，倒入料汁，再次烤10分钟直到烤鱼成熟。

孜然鱼串 热

原料 鲤鱼肉500克，鸡蛋1个

调料 葱末、姜末、蒜末、芝麻、蚝油、孜然、淀粉、色拉油、生抽、白糖、盐各适量

做法

1. 鲤鱼肉切成厚0.4厘米的方块，加鸡蛋、盐、白糖、蚝油、生抽、淀粉腌5分钟，用竹签串上。

2. 锅入色拉油烧至六成热，将鲤鱼串炸至外酥里嫩、色泽金黄，捞出控油。

3. 锅留底油烧热，下葱末、姜末、蒜末、孜然、芝麻炒香，食时撒在鲤鱼串上即可。

原料 鲜鲤鱼1条（约600克），泡酸菜100克

调料 玉米淀粉、胡椒粉、植物油、料酒、盐各适量

做法

1. 鲤鱼处理干净，一分两半，剔掉骨头。

2. 将鱼肉切成薄片，用盐、料酒、玉米淀粉拌匀上浆。泡酸菜切丝。

3. 将油烧热，放入酸菜、鱼头煸炒，烹入料酒，加水烧开，待酸菜煮烂，加入盐、胡椒粉、鱼片，待鱼片烧熟，盛盘即可。

酸菜鱼 热

鲤鱼炖冬瓜 热

原料 鲤鱼1条，冬瓜200克，香菜末25克

调料 葱、姜、胡椒粉、高汤、食用油、绍酒、盐各适量

做法

1. 鲤鱼去鳞、鳃、内脏，洗净，鱼身两侧剞"棋盘花刀"。冬瓜去皮、瓤，洗净切片。葱切段。姜切片。

2. 鲤鱼入油锅煎至两面金黄色，取出。

3. 锅内留余油，下葱段、姜片炝锅，烹绍酒，放入煎好的鲤鱼，倒入高汤、冬瓜片，加盐，锅开后用文火炖至入味，拣出葱段、姜片，加入胡椒粉、香菜末，出锅装入汤碗中即可。

烩酸辣鱼丝 热

原料 鲤鱼肉200克，黄瓜丝50克，鸡蛋清1个

调料 葱丝、姜丝、香菜末、清汤、胡椒粉、淀粉、水淀粉、猪油、香油、白醋、酱油、绍酒、盐各适量

做法

1. 鱼肉洗净，切丝，装入碗中，加入蛋清、淀粉抓匀，再放入四成热猪油锅中滑散、滑透，捞出备用。

2. 锅中留少许底油，先用葱丝、姜丝炝锅，再烹入白醋，加清汤、绍酒、酱油、盐烧开，再下入鱼丝、黄瓜丝，撇净浮沫，加入胡椒粉调味，用水淀粉勾芡，淋香油，撒香菜末，出锅即可。

鲢鱼

鲢鱼又叫白鲢、水鲢、跳鲢、鲢子，属于鲤形目、鲤科，是著名的四大家鱼之一。体形侧扁、稍高，呈纺锤形，背部青灰色，两侧及腹部白色。其肉质鲜嫩，营养丰富，是较宜养殖的优良鱼种之一。

营养功效：鲢鱼富含蛋白质、脂肪、碳水化合物、钙、磷、铁、B族维生素，具有补脾益气、温中暖胃、滋润皮肤之效。

选购技巧：挑选鲢鱼以鲜活、鱼体光滑、整洁、无病斑、无鱼鳞脱落者味最佳，死鲢鱼不要买。新鲜的鲢鱼，一般嘴紧闭，口内清洁；鳃鲜红、排列整齐；眼稍凸，黑白眼珠分明，眼面明亮不浊。

红烧鲢鱼尾 （热）

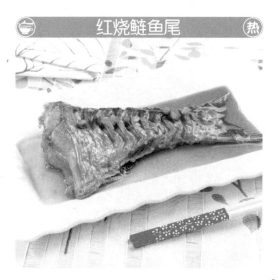

原料 新鲜鲢鱼1条

调料 葱花、葱段、姜片、花椒、水淀粉、植物油、香油、酱油、醋、料酒、盐各适量

做法

1. 鲢鱼去鳞，洗净，取鱼尾，在鱼尾两边剞上直刀纹，用酱油腌渍。

2. 锅入植物油烧热，放入鱼尾炸至呈金黄色，捞出控油。

3. 锅中留油烧热，下葱段、姜片爆锅，烹入醋、料酒，加酱油、花椒、水、盐，放入鱼烧沸，改用文火焖炖熟烂，用水淀粉勾芡，淋香油，撒葱花即可。

剁椒蒸鱼头 （热）

原料 鲢鱼头1个

调料 葱花、姜丝、剁辣椒、料酒、植物油各适量

做法

1. 鱼头洗净，剖开，放入料酒、姜丝。

2. 在鱼头上放一层剁辣椒，放入锅中蒸10分钟（水开，蒸汽上来再放鱼头）。

3. 鱼头蒸好后，若水太多，可以倒掉一部分，撒上葱花，炒锅烧热油，淋在鱼头上。

原料 花鲢鱼头1个，香菇150克，洋葱片50克

调料 葱丝、蒜瓣、蒜片、葱段、姜片、红辣椒、冰糖、蚝油、胡椒粉、醪糟汁、橄榄油、酱油、花雕酒、盐各适量

做法

1. 花鲢鱼头劈成两半，洗净，再切成大块，用少量盐、花雕酒、胡椒粉、蚝油码味10分钟。

2. 砂锅加橄榄油，放入蒜瓣、洋葱片、香菇、葱段、姜片、醪糟汁，再放鱼块、蒜片、红辣椒、冰糖、酱油、盐，最后加入适量花雕酒，砂锅加盖旺火煮开，转文火煮至砂锅内汤汁收干，撒入葱丝即可。

砂锅鱼头 （热）

麻辣花鲢肉 （热）

原料 鲢鱼500克

调料 豆粉、盐、葱、干辣椒段、花椒、姜片、蒜片、汤、豆瓣、老抽、白糖、油酥辣椒、花椒粉各适量

做法

1. 鲢鱼剖肚，洗净，切小块，用豆粉、盐拌匀码味。

2. 将姜片、蒜片、豆瓣、老抽、白糖放同一个碗里。干辣椒段、花椒放另一个碗里。葱切段。

3. 锅内放熟油烧到八成热，将碗里备好的调料倒进锅里文火慢炒，炒至呈亮色后加入汤或水（淹过鱼块为宜），烧沸后改中火熬几分钟，倒入鱼块，煮七八分钟，加入油酥辣椒、花椒粉、葱段，拌匀起锅即可。

红烧鲢鱼头 （热）

原料 鲢鱼头1个（750克）

调料 葱花、姜片、蒜片、香菜末、胡椒粉、食用油、酱油、料酒、白糖、盐各适量

做法

1. 鲢鱼头去鳃，洗净从中间斩开，放热油锅中炸一下，捞出控油。

2. 锅中留油烧热，下葱花、姜片、蒜片、酱油爆锅，放入鱼头，烹料酒，加入适量水烧开，用盐、白糖、胡椒粉调味，旺火烧制5分钟，待汤汁浓稠出锅装盘，撒上香菜末即可。

肠旺鱼头锅 [热]

原料 鲢鱼头1个，白菜、熟肥肠、鸭血、豆腐、肉片各适量

调料 葱末、姜末、辣豆瓣酱、花椒、高汤、太白粉、白胡椒粉、色拉油、料酒、盐各适量

做法

1. 鱼头两面撒太白粉，入油锅炸至表面金黄，捞起控油。

2. 白菜洗净切大块，肥肠洗净切片，鸭血洗净切块，汆烫20秒，放入火锅中。再放鱼头，铺上豆腐及肉片。

3. 锅入油，爆香葱末、姜末，加辣豆瓣酱、花椒、高汤、料酒、盐、白胡椒粉，煮开后倒入火锅中，转文火滚10分钟即可。

鱼头炖豆腐 [热]

原料 鲢鱼头1个，鲜嫩豆腐200克，青菜心15克

调料 葱、姜、蒜、胡椒粉、水淀粉、色拉油、料酒、酱油、白糖、盐各适量

做法

1. 鱼头处理干净，中间切开。葱、姜、蒜切片。豆腐切成适当长条。青菜心洗净。

2. 将油烧热，放入鱼头稍炸，捞出沥油，余油爆香葱片、姜片、蒜片，烹入料酒、酱油，加入适量开水，再放鱼头、青菜心、白糖、盐和胡椒粉，烧开后，将豆腐下锅，文火慢炖，待烧透后，取出鱼头放入盘中，汤汁烧开后，用水淀粉勾芡，烧透，浇入盘中即可。

拆烩鲢鱼头 [热]

原料 花鲢鱼头2000克，笋片30克，油菜、木耳各10克

调料 葱花、姜块、胡椒粉、大料、高汤、水淀粉、植物油、醋、料酒、白糖、盐各适量

做法

1. 鱼头洗净，切两半，不要切断。油菜焯水。将鱼头、葱花、姜块、料酒、醋文火煮透，去鱼骨。

2. 另起锅，放大料、葱花、姜块炝锅，放料酒、高汤、盐、醋、白糖、胡椒粉烧开盛出。

3. 锅内倒一半对兑好的料汁，鱼头皮朝下放入，放笋片、木耳烧一会儿，倒入漏勺控去汤，原勺回火倒入剩下的料汁，放鱼头，勾芡，淋明油，放油菜，出锅即可。

鲈鱼

鲈鱼又叫花鲈、四鳃鱼。体长，侧扁，背部稍隆起，背腹面皆钝圆。头中等大，略尖。体被小栉鳞，侧线完全、平直。体背部青灰色，两侧及腹部银白。

营养功效：富含优质蛋白质、不饱和脂肪酸、多种维生素等营养成分，有健脾胃、补肝肾、消腹水、止咳化痰的作用，适用于妊娠期浮肿、产后乳汁缺乏、手术后伤口难愈等。

选购技巧：挑选鲈鱼以鱼背呈灰色、两侧及腹部银灰、体侧上部及背部鳍有黑色斑点为最佳。鲈鱼身上的斑点会随年龄的增长而减少。新鲜鱼体肉质发硬，富有弹性，鳞片紧贴鱼体，不易脱落，否则不新鲜。

功夫鲈鱼　【热】

原料 鲈鱼600克，菜心150克，青椒圈、红椒圈、泡椒段各30克

调料 酱油、白醋、料酒、盐各适量

做法

1. 鲈鱼洗净，切块。菜心洗净。

2. 青椒圈、红椒圈、泡椒段加盐、白醋、酱油、料酒腌渍入味。菜心焯水，捞出，放在盘里。

3. 油锅烧热，放鲈鱼块，加盐、料酒滑熟，倒上青椒圈、红椒圈、泡椒段炒匀，装盘即可。

雨花干锅鱼　【热】

原料 江东鲈鱼1条

调料 姜片、青蒜段、炸蒜片、鲜红椒、干锅酱、上汤、生粉、水淀粉、色拉油、料酒、盐各适量

做法

1. 鲈鱼取肉改成瓦片块，放盐调匀，拍生粉，入油锅炸至色泽金黄，捞出沥油备用。

2. 雨花石用烧至五成热的色拉油文火炸热到180℃，放入砂锅中。

3. 锅入油烧热，放姜片、青蒜段、鲜红椒、炸蒜片、干锅酱文火爆香，下上汤、鱼块，烹料酒烧入味，用水淀粉勾芡，出锅即可。

鳝鱼

鳝鱼体圆，细长，呈蛇形，因其肤色呈黄色，所以也被称做黄鳝。没有鳞，肤色有青、黄两种。大的有二、三尺长，夏季出来，十一、十二月藏于洞中。

营养功效：鳝鱼富含蛋白质、脂肪、维生素A、维生素B族、氨基酸、钙、磷、铁等营养成分，具有补中益气、明目、解毒、通血脉、补虚损、除风湿、利筋骨、止痔血的作用，对眼疾、虚损咳嗽、糖尿病等有一定的辅助疗效。

选购技巧：鳝鱼要挑选个大体肥的活鳝，灰褐色的鳝鱼最好不要买。

凉粉拌鳝丝 （凉）

原料 净鳝鱼肉200克，豌豆凉粉100克，熟芝麻10克，香菜10克

调料 葱花、姜片、豆豉、郫县豆瓣、花椒面、植物油、红油、香油、醋、白糖、盐各适量

做法

1. 豌豆凉粉放入盘中垫底。

2. 锅加水、姜片、葱花烧沸，入净鳝鱼肉汆熟，捞起投凉，切丝放凉粉上。

3. 香菜切节。郫县豆瓣、豆豉剁细炒香，起锅。

4. 盐、醋、白糖、红油、香油、花椒面、郫县豆瓣、豆豉调成味汁，淋鳝鱼上，撒熟芝麻即可。

锅巴鳝鱼 （热）

原料 鳝鱼400克，锅巴100克，青椒、红椒各适量

调料 植物油、酱油、料酒、盐各适量

做法

1. 鳝鱼洗净，切段。

2. 将锅巴掰成块。

3. 青椒、红椒洗净，切片。

4. 锅入油烧热，放入鳝鱼翻炒至将熟，加入锅巴块、青椒片、红椒片翻炒匀。

5. 鳝鱼段炒熟后，加入盐、酱油、料酒调味，起锅装盘即可。

原料 鳝鱼肉250克，冬笋50克，蒜薹10克

调料 葱末、姜末、芝麻、辣豆瓣酱、花椒粉、植物油、香油、酱油、醋、料酒、盐各适量

1. 鳝鱼肉洗净，切丝。蒜薹洗净，切段。冬笋切丝。

2. 锅入植物油烧热，放入鳝鱼丝炒数分钟，加料酒、辣豆瓣酱、姜末、葱末、冬笋丝，炒匀，放入蒜薹、盐、酱油、醋、香油，颠翻几次，撒上花椒粉、芝麻，盛盘中即可。

干煸鳝丝 热

金蒜烧鳝段 热

原料 鳝鱼150克，熟花生仁30克，西芹段15克

调料 蒜瓣、干红椒、植物油、老抽、料酒、白糖、盐各适量

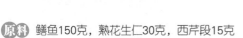

1. 鳝鱼洗净，在背部均匀切上花刀，斩成小段。干红椒洗净，切段。

2. 锅入油烧热，放入蒜瓣、干红椒炸香，再放入鳝段旺火煸炒。

3. 加水、盐、白糖、老抽、料酒旺火烧开，加入熟花生仁、西芹段，再用文火焖3分钟，待汤汁浓稠，出锅装盘即可。

泡椒鳝鱼 热

原料 鳝鱼500克

调料 葱段、姜、蒜片、泡红辣椒、肉汤、植物油、酱油、白糖、醋、料酒、盐各适量

做法

1. 鳝鱼宰杀洗净，切成3.5厘米长的段。

2. 泡红辣椒、姜剁细成末。

3. 锅入植物油烧至七成热，放入鳝段煸干水气，加泡红辣椒末、姜末、蒜片，炒出香味，烹料酒炒匀，加酱油、盐、白糖和肉汤烧开后移微火上将鳝鱼烧软。

4. 待锅内汤汁基本烧干时，加葱段、醋，将汁收干亮油，起锅凉凉，装碟即可。

孜然鳝丝 热

原料 黄鳝片150克

调料 葱丝、白芝麻、花生碎、辣椒碎、孜然粒、花椒粉、五香粉、辣椒粉、精炼油、香油、盐各适量

做法

1. 鳝鱼片切丝，氽水，加孜然粉、五香粉、盐拌匀。

2. 锅入精炼油烧至170℃时，将码好味的鳝丝下锅炸干水分，捞起备用。

3. 将辣椒碎、辣椒粉下锅炒香，放盐、鳝丝、孜然粉、五香粉、花椒粉、花生碎炒匀，放白芝麻，淋香油，撒葱丝，起锅装盘即可。

杭椒鳝片 热

原料 鳝鱼150克，青杭椒、红杭椒各40克，黄彩椒30克

调料 植物油、生抽、料酒、盐各适量

做法

1. 鳝鱼洗净，斩段，切成片，入沸水中氽一下。

2. 青杭椒、红杭椒洗净，切去头、尾。黄彩椒洗净，切条。

3. 锅入油烧至六成热，下入鳝鱼炒至表皮微变色，加青杭椒、红杭椒、黄彩椒条炒匀，放盐、生抽、料酒调味，出锅即可。

红烧鳝段 热

原料 黄鳝500克，五花肉、水发香菇、玉兰片各50克

调料 葱段、姜片、蒜片、高汤、酱油、胡椒粉、花生油、香油、醋、料酒、白糖、盐各适量

做法

1. 黄鳝宰杀去头尾，改刀成段，用料酒腌入味。五花肉切片。

2. 锅入花生油烧至八成热，下鳝段炸约1分钟捞出。

3. 另起锅留底油烧热，下蒜片煸炒，下肉片炒熟，下葱段、姜片、料酒、盐、酱油、白糖、香菇、玉兰片，再加高汤，下鳝段，转文火焖烧至熟，加胡椒粉、醋，拣出葱段、姜片，淋香油，出锅即可。

鲇鱼

鲇鱼特征是周身无鳞，身体表面多黏液，头扁口阔，上下颌有四根胡须。鲇鱼的最佳食用季节在仲春和仲夏之间。鲇鱼不仅像其他鱼一样含有丰富的营养，而且肉质细嫩、美味浓郁、刺少、开胃、易消化，特别适合老人和儿童。

营养功效：富含蛋白质、脂肪、多种维生素和矿物质等营养成分，有补中益气、滋阴、开胃、催乳、利小便等功效，适用于水肿、产妇乳汁不足等。

选购技巧：新鲜的鲇鱼体表光滑无鳞，体表颜色为灰褐色，身上布满褐色斑块，有的全身黑色，腹部白色。颜色发黑的鲇鱼多是养殖的。

鲇鱼炖酸菜 (汤)

原料 鲇鱼500克，酸菜丝100克，冬笋、豆芽、蒜苗叶各25克

调料 葱、姜、红椒丝、高汤、胡椒粉、盐各适量

做法

1. 鲇鱼洗净，切成块。酸菜丝洗净。
2. 豆芽、蒜苗叶洗净。葱、姜洗净，分别切成段和片。冬笋切丝备用。
3. 炒锅上火添汤，开锅后加入冬笋丝、姜片、豆芽、酸菜丝、红椒丝、鲇鱼块、葱段、蒜苗叶、盐、胡椒粉，炖15分钟，出锅装碗即可。

榨菜蒸鲇鱼 (热)

原料 鲇鱼350克

调料 葱花、姜片、香菜段、榨菜、胡椒粉、植物油、香油、盐各适量

做法

1. 鲇鱼宰后洗净，泡水片刻，去除黏液，洗净抹干，斩件，加盐、胡椒粉拌匀，置碟上。
2. 榨菜用水浸透，挤干水分，切成薄片。
3. 将榨菜片、姜片及一半葱花撒在鲇鱼上，再淋上植物油。隔水蒸熟，撒上余下的葱花、香菜，淋香油即可。

鲳鱼

鲳鱼体短而高，侧扁，略呈菱形。头较小，吻圆，口小，牙细。成鱼腹鳍消失。尾鳍分叉颇深，下叶较长。体银白色，上部微呈青灰色。

营养功效：富含蛋白质、脂肪、碳水化合物、钙、磷、铁等营养成分，具有益气补血、舒筋利骨之功效，可作为消化不良、贫血、筋骨酸痛、四肢麻木等的食疗佳品。

选购技巧：新鲜的鲳鱼以身体扁平、鱼肉有弹性、表面有银白色光泽、鳃色鲜红、鱼鳞完整者为最佳。冷冻鲳鱼如果贮存过久，头部会有褐色斑点，腹部变黄，则说明已经变质。

干烧鲳鱼 （热）

（原料）鲳鱼500克，肉丝、笋丝、木耳丝各10克

（调料）葱丝、姜丝、辣椒丝、鲜汤、植物油、香油、酱油、醋、料酒、白糖、盐各适量

（做法）

1. 鲳鱼洗净，在鱼身两侧剞十字花刀，抹少许酱油入味，入七八成热植物油中炸至呈金黄色，捞出沥油。

2. 另起锅，放入白糖炒成糖色，放入肉丝、笋丝、木耳丝、葱丝、姜丝、辣椒丝炒匀，加入鲜汤和鱼，调入盐、醋、料酒、酱油，急火烧开，转慢火烧熟，再转急火收汁，淋香油即可。

清蒸鲳鱼 （热）

（原料）鲳鱼500克，冬菇丝、玉兰片丝、瘦肉丝各30克

（调料）葱段、姜丝、清汤、水淀粉、花椒粉、八角粉、鸡油、香油、料酒、盐各适量

（做法）

1. 鲳鱼处理好，鱼身两侧切柳叶花刀，用盐、料酒腌渍15分钟。

2. 腌好的鲳鱼汆水1分钟，捞出沥干，放大盘内，撒上盐，铺上姜丝、葱段、玉兰片丝、冬菇丝、瘦肉丝、花椒粉、八角粉，放蒸锅内蒸至稍熟取出。

3. 另起锅，加入清汤、料酒，用水淀粉勾芡，倒在鱼上，淋鸡油、香油即可。

鳜鱼

鳜鱼形体扁平，肚腹宽阔，口大而鳞细，首和尾短。体表有黑色的斑彩，颜色鲜明的为雄性，稍微黑一些的为雌性，鱼背上有鳍刺。鱼的皮比较厚，肉很紧，肉中没有细刺。

营养功效：富含蛋白质、不饱和脂肪酸、钙、钾、镁、硒等营养成分。可补五脏、益脾胃、疗虚损、补气血，适用于虚劳体弱、肠风下血等，还有利于肺结核病人的康复。

选购技巧：新鲜的鳜鱼，一般嘴紧闭，口内清洁；鳃鲜红、排列整齐；眼稍凸，黑白眼珠分明，眼面明亮无白蒙。

鳜鱼丝油菜 （热）

原料 鳜鱼肉、油菜心各250克，蛋清1个

调料 葱段、姜片、枸杞、鸡汤、水淀粉、胡椒粉、植物油、香油、料酒、盐各适量

做法
1. 油菜心焯水，捞出冲凉。鳜鱼肉切丝，放料酒、盐、蛋清、水淀粉上浆，入开水锅滑熟，捞出。
2. 锅入植物油烧热，放葱段、姜片，炒香捞出，放油菜心、盐、枸杞、鸡汤、料酒、胡椒粉、鱼丝烧开去浮沫，用水淀粉勾芡，出锅装盘。将油菜心码在盘四周，鱼丝放入盘中心即可。

熘双色鱼丝 （热）

原料 鳜鱼肉200克，胡萝卜丝、青笋丝各50克，蛋清1个

调料 葱末、姜末、蒜末、清汤、胡椒粉、黄豆粉、水淀粉、植物油、料酒、盐各适量

做法
1. 鳜鱼肉洗净，切丝，用盐、料酒、胡椒粉腌渍30分钟。
2. 蛋清、黄豆粉调成糊，放鱼丝拌匀。用盐、料酒、清汤、水淀粉调成芡汁。
3. 锅入油烧至三成热，放入鱼丝、萝卜丝、青笋丝，滑散。
4. 锅留油烧热，姜末、蒜末、葱末炒香，倒入胡萝卜丝、青笋丝、鱼丝，烹入芡汁，炒匀即可。

粉蒸鳜鱼 热

原料 未产子的鳜鱼1条，熟米粉150克

调料 葱末、姜蓉、甜面酱、豆瓣酱、辣椒油、花椒粉、胡椒粉、五香粉、香油、酱油、白醋、料酒、白糖各适量

做法

1. 鳜鱼剖好，切块。

2. 五香粉、熟米粉、酱油、豆瓣酱、甜面酱、胡椒粉、花椒粉、白糖、白醋、料酒、辣椒油、葱末、姜蓉与鳜鱼拌匀，放香油腌5分钟。

3. 将拌好的鳜鱼放入竹筒，盖上盖，用旺火蒸20~30分钟，从蒸笼内将竹筒鱼取出，放入碟内即可。

功夫鳜鱼 热

原料 鲜鳜鱼750克

调料 香葱、姜末、红椒粒、干辣椒节、豆豉辣酱、生粉水、植物油、盐各适量

做法

1. 鳜鱼宰杀，去内脏，洗净，去骨，切片，加盐、生粉水码味。

2. 香葱洗净，切葱花。

3. 锅入适量水烧沸，把鱼片汆熟，捞出备用。

4. 锅入油，加干椒节、葱花、红椒粒、姜末、豆豉辣酱煸香，盖在鱼身上即可。

骨香鳜鱼 热

原料 鳜鱼1条（约600克），西蓝花400克

调料 淀粉、植物油、香油、盐各适量

做法

1. 鳜鱼洗净，鱼肉切片。西蓝花掰成小朵，洗净后在水中泡3小时。

2. 鱼片用植物油、盐拌匀，腌30分钟。鱼骨用盐、植物油、淀粉拌匀，入油锅炸成呈金黄色至熟，捞出装盘。

3. 锅入油烧热，放入西蓝花稍炒，加入鳜鱼片，调入盐炒匀至熟，淋香油，盛入有鱼盘内。

墨鱼

墨鱼亦称乌贼、墨斗鱼，乌贼目海产头足类软体动物，头位体前端，呈球形，其顶端为口，四周围具口膜，外围有5对腕。头两侧有一对发达的眼，构造复杂。

营养功效： 富含蛋白质、白糖类、多种维生素、钙、磷、铁等营养成分，具有养肝益气、养血滋阴、补肾、健胃理气之功效。

选购技巧： 挑选生墨鱼时，宜选择色泽鲜亮洁白、无异味、无黏液、肉质富有弹性的。挑选干墨鱼时，最好能用手捏一捏鱼身是否干燥，闻一下是否有异味，优质的墨鱼带有海腥味，但没有腥臭味。

腐乳墨鱼仔　（热）

（原料） 墨鱼仔200克

（调料） 葱、老姜、青菜叶、腐乳汁、食用油、料酒、白糖、盐各适量

（做法）

1. 葱洗净，切段。姜洗净，一部分切大片，一部分切丝。

2. 墨鱼去内脏，洗净，放沸水锅中，加料酒、葱段、姜片汆水去除腥味，捞起备用。

3. 锅入食用油加热，放姜丝炸干，捞出控油，放入盘中。

4. 锅中留油烧热，放入葱段、姜片炒香，加入腐乳汁、水、白糖、盐调味，放入墨鱼仔，旺火收汁入味，起锅凉凉，放在姜丝上，青菜叶点缀即可。

爆炒花枝片　（热）

（原料） 大墨鱼1条，香菇、青笋各50克

（调料） 葱、白酱油、白醋、蒜末、水淀粉、香油、花生油各适量

（做法）

1. 墨鱼洗净，片成片，成花枝片。

2. 葱切马蹄。香菇去蒂洗净，切菱形片。青笋洗净，削去外皮，切菱形片。香菇片、青笋片焯水，白酱油、白醋、香油、蒜末、水淀粉调成味汁。

3. 锅入花生油烧热，将墨鱼花枝片炸至熟透捞出。

4. 锅留底油烧热，倒入味汁烧开，放入墨鱼花枝片爆炒翻匀，装盘即可。

墨鱼三丝 热

原料 干墨鱼300克，青椒、红椒各50克

调料 葱白、料酒、红油、盐各适量

做法

1. 青椒、红椒、葱白洗净切丝。

2. 干墨鱼用温水泡发，切丝。

3. 油锅烧热，放入青椒丝、红椒丝、葱白丝炒香，烹入料酒，倒入墨鱼丝。

4. 炒至将熟时放入盐、红油，炒至入味即可。

洋葱炒墨鱼丝 热

原料 墨鱼250克，青椒、红椒、洋葱各25克

调料 蒜蓉、胡椒粉、淀粉、植物油、香油、料酒、白糖、盐各适量

做法

1. 墨鱼撕去衣，洗净沥干水，横纹切丝，用盐、淀粉腌约10分钟，备用。

2. 洋葱、青椒、红椒洗净，切丝。

3. 用料酒、白糖、盐、胡椒粉、淀粉、香油调成芡汁。

4. 锅入植物油烧热，爆香蒜蓉，放入墨鱼丝、洋葱、青椒齐炒，烹入调好的芡汁，旺火爆炒，翻匀，出锅即可。

雪菜墨鱼丝 热

原料 墨鱼300克，雪菜、青椒、红椒各50克

调料 葱末、姜末、青豆粒、生粉、鸡粉、胡椒粉、醋、植物油、料酒、盐各适量

做法

1. 墨鱼洗净，切丝。青椒、红椒洗净，切丝。雪菜洗净，切碎。

2. 用料酒、盐、鸡粉、胡椒粉、醋、生粉调成汁。

3. 墨鱼丝氽水后入油锅滑油。青红椒丝过油，倒入漏勺内控油。

4. 锅留底油烧热，放葱末、姜末炝锅，下雪菜、青豆粒、墨鱼丝、青椒丝、红椒丝颠炒一下，倒入兑好的调料汁炒匀，淋明油，出锅装盘。

目前市场看到的鱿鱼有两种：一种是躯干部较肥大的鱿鱼，它的名称叫"枪乌贼"；一种是躯干部细长的鱿鱼，它的名称叫"柔鱼"，小的柔鱼俗名叫"小管仔"。

营养功效：富含蛋白质、脂肪、维生素A、维生素B₁、维生素B₂、牛磺酸、钙、磷等营养成分，具有滋阴养胃、补虚润肤之功效。

选购技巧：优质的鱿鱼体型完整，表面呈粉红色、有光泽、略现白霜，肉肥厚、半透明、背部不红。不新鲜的鱿鱼体型瘦小残缺，颜色赤黄略带黑，无光泽，表面白霜过厚，背部呈黑红色或玫红色，按压鱼身上的膜，感觉不紧实、无弹性。

笋干鱿鱼肉丝 （热）

原料 鱿鱼干400克，笋干200克，芹菜、青椒、红椒各50克

调料 盐、醋、酱油、油各适量

做法
1. 鱿鱼干、笋干泡发，洗净，切丝。
2. 青椒、红椒洗净，切丝。
3. 芹菜洗净，切段。
4. 锅入油烧热，放入鱿鱼丝翻炒至将熟，加入笋丝、芹菜、青椒、红椒炒匀。
5. 炒熟后，加盐、醋、酱油调味，起锅装盘即可。

鱿鱼肉丝 （热）

原料 鱿鱼300克，猪肉丝、柿子椒丝、笋丝各50克

调料 水淀粉、植物油、香油、酱油、料酒、盐各适量

做法
1. 鱿鱼切丝，用开水汆好。
2. 猪肉丝加盐调味，用水淀粉上浆。
3. 起锅放油烧热，下猪肉丝滑散，控油。
4. 锅留底油，下入鱿鱼丝、猪肉丝翻炒，再加酱油、料酒、盐、柿子椒丝、笋丝炒匀，用水淀粉勾芡，淋明油、香油出锅。

银鱼是淡水鱼，号称亚洲第一帅鱼，是世界上长得最水灵的鱼。银鱼因体长略圆，细嫩透明，色泽如银而得名。

营养功效： 银鱼是极富钙质、高蛋白、低脂肪的鱼类，基本没有大鱼刺，适宜小孩子食用。

选购技巧： 冰鲜银鱼或化冻后的冻银鱼呈自然弯曲状，体表色泽呈自然色，无明显异常。如果体表特别光亮，形体呈直线状，可能是用甲醛浸泡过的。

香麻银鱼 （热）

原料 鲜银鱼200克

调料 全蛋糊、花椒粉、精炼油、辣椒油、香油、料酒、白糖、盐各适量

做法

1. 银鱼洗净，调入盐、料酒拌匀，静置10分钟，加全蛋糊裹匀。

2. 锅入精炼油烧热，放入裹好的银鱼炸至呈金黄色捞出，趁热加入辣椒油、白糖、盐、花椒粉、香油拌匀，凉凉后装盘即可。

干炸银鱼 （热）

原料 银鱼750克，蛋黄2个

调料 葱末、淀粉、面粉、花椒粉、白胡椒粉、绍酒、白糖、盐各适量

做法

1. 银鱼去头、肠、尾尖，加绍酒、白胡椒粉、花椒粉、白糖、盐、葱末调味，再加入淀粉、面粉、蛋黄拌匀备用。

2. 将银鱼放入热油锅中，用漏勺抖散，炸至呈棕黄色，捞出稍晾，再放入热油锅内复炸至呈金黄色，捞出沥油即可。

银鱼蒸蛋 （热）

原料 鲜银鱼300克，鸡蛋2个

调料 香菜末、辣椒酱、清汤、鸡油、酱油、料酒、盐各适量

做法

1. 银鱼清洗干净，加酱油、料酒入味备用。

2. 鸡蛋打入碗内搅匀，加清汤、鸡油、盐，上笼蒸至六成熟，放入银鱼蒸熟。

3. 浇上辣椒酱，撒上香菜末即可。

鳕鱼

鳕鱼体延长，稍侧扁，头大，上颌略长于下颌，尾部向后。颈部的触须须长等于或略长于眼径。两颌及犁骨均具绒毛状牙。

营养功效：鳕鱼各部分的功效不同。鱼肉活血祛瘀，鱼鳔补血止血，鱼骨治脚气，鱼肝油敛疮清热消炎。鳕鱼肉宜作为跌打损伤、瘀伤、脚气、火伤、溃疡等食疗佳品。

选购技巧：现在市场卖的鳕鱼基本都是冷冻切片，看外观的话，肉的颜色洁白，肉上面没有那种特别粗特别明显的红线，鱼鳞非常密，是一片压一片的那样长的。

原料 银鳕鱼150克，黄豆50克

调料 葱花、青椒末、红椒末、香菜末、豉油汁、色拉油、盐各适量

做法

1. 黄豆洗净，浸泡回软后切碎。入色拉油锅中用文火慢炒，至水汽蒸干，调入盐，炒成豆酥备用。

2. 豆酥放在鳕鱼上。上笼蒸6~7分钟，出笼，淋豉油汁，撒香菜末、葱花、青椒末、红椒末即可。

黄豆酥蒸鳕鱼 （热）

姜丝鳕鱼 （汤）

原料 鳕鱼中段400克

调料 生姜、香菜、鸡汤、植物油、香油、料酒、醋、盐各适量

做法

1. 鳕鱼剔去脊骨，切片。生姜切细丝。香菜洗净，切段。

2. 锅入油烧热，下入部分姜丝爆锅。

3. 加鸡汤、盐、料酒烧开，放入鱼片，文火炖约5分钟。

4. 加醋、香菜段，淋香油，撒上姜丝即可。

奶油鳕鱼烩松茸 （汤）

原料 鳕鱼肉200克，松茸片100克

调料 香葱末、浓缩鸡汁、奶油、蚝油、鲜汤、胡椒粉、绍酒、食用油、鹰粟粉、盐各适量

做法

1. 松茸片加浓缩鸡汁、蚝油、鲜汤蒸至入味，取出装盘。

2. 鳕鱼肉洗净，切粒，加盐、绍酒、胡椒粉腌渍入味，再下入四成热油中滑熟，捞出沥油。锅中加入奶油，下鳕鱼粒，用鹰粟粉勾薄芡，淋在松茸上，撒香葱末即可。

黄鱼

黄鱼有大小黄鱼之分，又名黄花鱼。有鳞的海鱼，一般生长在深水处。它的形状像鲟鱼，色灰白，它的背部有三行骨甲，鼻上长有胡须，它的嘴靠近颌下，尾部有分叉。

营养功效： 富含蛋白质、脂肪、维生素B_1、维生素B_2和维生素B_3、钙、磷、铁、碘等成分，其水解蛋白质含17种氨基酸，营养价值很高，具有益肾补虚、健脾开胃、安神止痢、益气填精之功效，对贫血、失眠、头晕、食欲不振及妇女产后体虚有良好的食疗效果。

选购技巧： 新鲜的黄鱼背脊呈黄褐色，腹部为金黄色，鱼鳍灰黄，鱼唇橘红。体型较肥、鱼肚膨胀者比较肥嫩。

双椒小黄鱼 （热）

原料 小黄鱼300克，红椒丁、黄椒丁各100克

调料 蒜、红油、料酒、盐各适量

做法

1. 小黄鱼洗净，用盐、料酒腌渍入味。

2. 蒜去皮洗净，切片。

3. 油锅烧热，放入小黄鱼炸至酥脆。再放入红椒丁、黄椒丁、蒜片，加盐、红油，炒熟即可。

糖醋黄花鱼 （热）

原料 黄花鱼1条，松子仁50克，水发香菇、荸荠各20克

调料 胡椒粉、清汤、淀粉、水淀粉、植物油、香油、酱油、香醋、料酒、白糖各适量

做法

1. 黄花鱼取肉，剞麦穗花刀。香菇、荸荠均切丁。

2. 松子仁用文火炸熟，捞出。锅入油烧至七成热，黄花鱼先用水淀粉抹匀再拍上淀粉，下油锅炸酥。

3. 锅入油烧热，投入香菇丁、荸荠丁略炒，烹料酒，加酱油、清汤、白糖、胡椒粉，烧沸后加入香醋，用水淀粉勾薄芡，淋香油，浇在黄花鱼上，撒松子仁即可。

青鱼

青鱼体长，略呈圆筒形，腹部平圆，无腹棱。尾部稍侧扁。吻钝，但较草鱼尖突。上颌骨后端伸达眼前缘下方。眼间隔约为眼径的3.5倍。

营养功效： 富含蛋白质、脂肪、镁、钙、磷、维生素B_1、维生素D_2、维生素D、微量元素锌、硒、碘等营养成分，具有益气补虚、健脾养胃、祛湿祛风的功效。

选购技巧： 挑选青鱼时注意，若鳃盖紧闭、不易打开，鳃片鲜红，鳃丝清晰，鱼眼球饱满突出，角膜透明，眼面发亮，则表示鱼很新鲜。如果鳃盖不紧、容易打开，眼球平坦或稍有凹陷，角膜浑浊的则不新鲜。

五柳开片青鱼 （热）

原料 青鱼肉500克，红辣椒丝、胡萝卜丝各50克，柿子椒丝5克

调料 葱、姜、水淀粉、花生油、醋、酱油、料酒、白糖、盐各适量

做法

1. 青鱼肉处理干净，用刀在鱼身两侧剞一字形花刀，煮熟，捞出控干水分，剥净皮，盛盘。

2. 白糖、醋、料酒、酱油、盐、水淀粉调成汁。

3. 锅入花生油烧热，把胡萝卜丝、柿子椒丝、姜丝、葱丝、红辣椒丝下锅稍炒，烹入调好的汁炒熟，浇在鱼上即可。

鱼香瓦块鱼 （热）

原料 青鱼700克

调料 葱花、葱末、姜末、蒜末、豆瓣酱、水淀粉、玉米淀粉、花生油、酱油、醋、料酒、白糖、盐各适量

做法

1. 青鱼取肉，切块，每块横划一刀，用盐腌匀。

2. 葱末、姜末、蒜末、白糖、醋等调料和水淀粉调汁。玉米淀粉加水调成稠糊。

3. 锅入花生油烧热，将鱼块放进玉米粉糊中，均匀地裹上糊，依次下锅。待鱼炸成表皮浅黄酥脆捞出放盘中。

4. 锅留少许余油，把豆瓣酱、料酒、酱油、葱花下锅煸香，烹入兑好的汁炒熟，浇在鱼上即可。

带鱼

带鱼又叫刀鱼，体型正如其名，侧扁如带，呈银灰色，背鳍及胸鳍为浅灰色，带有很细小的斑点，尾巴为黑色，带鱼头尖口大，到尾部逐渐变细，好像一根细鞭。

营养功效：富含蛋白质、维生素B_1、维生素B_2和维生素B_3、钙、磷、铁、碘等营养成分，鳞中含脂肪、蛋白质，脂肪中含多种不饱和脂肪酸，具有补虚暖胃、补中益气、润泽肌肤、美容养颜等功效，对病后体虚、肝炎、外伤出血、乳汁不足等有一定的食疗效果。

选购技巧：新鲜的带鱼鱼鳞不脱落或少量脱落，体表呈银灰白色，略有光泽，无黄斑，无异味，肌肉有坚实感。颜色发黄、无光泽、破肚为不新鲜带鱼。

葱酥带鱼 （凉）

原料 带鱼 500 克

调料 葱段、姜丝、泡辣椒、糖色、胡椒粉、鲜汤、精炼油、香油、水发香菇、料酒、盐各适量

做法

1. 带鱼洗净，斩段，加盐、料酒、姜丝、葱段码味，静置 20 分钟。泡辣椒去籽切段，香菇洗净切片。

2. 锅入油烧至 200℃，放入鱼炸至两面呈金黄色，捞出控油。

3. 锅留油烧热，放泡辣椒段、葱段、香菇炒香，加鲜汤、盐、胡椒粉、糖色、带鱼、料酒，用中火收至汤汁将干，加少许的精炼油、香油继续烧至亮油，起锅凉凉装盘，姜丝装饰即可。

红烧带鱼 （热）

原料 带鱼段4块

调料 葱段、姜片、蒜片、香菜末、清汤、生粉、生抽、老抽、料酒、白糖、盐各适量

做法

1. 带鱼段洗净，加盐、姜片、料酒、葱段，腌渍 20 分钟。

2. 锅入油烧至七成热，将带鱼均匀地拍上生粉，下锅炸至呈金黄色。

3. 锅留底油烧热，煸香姜片、蒜片、葱段，烹料酒、生抽、老抽、白糖调味，下带鱼、清汤旺火烧开，转文火焖5分钟，出锅装盘，撒香菜末即可。

原料 冻带鱼1条，泡青菜100克

调料 葱、姜、蒜、红辣椒段、鲜汤、淀粉、胡椒
粉、植物油、酱油、醋、料酒、盐各适量

做法

1. 带鱼洗净，剁长段。泡青菜切丁。姜、蒜切
片，备用。

2. 将带鱼入锅炸至呈浅黄色时捞起。锅留底油烧
热，下入红辣椒段、泡青菜丁、姜片、蒜片炒
出香味，再加入鲜汤，放带鱼，加盐、料酒、
酱油、醋、胡椒粉烧至入味，先将鱼入盘，锅
内汤汁用淀粉勾芡，待汁浓稠后加入葱段，淋
在带鱼上即可。

泡菜烧带鱼 热

干炸带鱼 热

煎蒸带鱼 热

原料 带鱼 200 克

调料 姜末、花椒、胡椒粉、面粉、色拉油、香油、
酱油、米醋、绍酒、椒盐、盐各适量

做法

1. 带鱼洗净，取出肠肚，在鱼身上改一字刀，加
料酒、盐、花椒、姜末、酱油、米醋、胡椒
粉、绍酒、香油腌渍入味。

2. 锅入色拉油烧至七成热，把带鱼段拍上少许面
粉，放入油锅中用文火炸熟，再转旺火炸至两面
呈金黄色，取出沥油，装盘，蘸椒盐食用即可。

原料 带鱼 1 条，鸡蛋 2 个

调料 葱、姜、蒸鱼豉油、面粉、植物油、料酒、
盐各适量

做法

1. 带鱼洗净切块，两面切口用料酒、盐腌渍10分钟。
葱洗净切段、切丝，姜洗净切片备用。

2. 将腌好的鱼块裹上面粉，蘸满蛋液，用少量油
煎制呈金黄色，捞出控油。

3. 将煎好的鱼块放置盘中，均匀地倒上蒸鱼豉油，
放上葱段、姜片上锅蒸 10 分钟。

4. 带鱼出锅放盘中，撒上葱丝即可。

黄辣丁

黄辣丁又名黄腊丁、嘎牙子、黄鳍鱼、黄刺骨，刺疙疤鱼。腹面平，体后半部稍侧扁，头大且扁平。吻圆钝，口裂大，下位，上颌稍长于下颌，上下颌均具绒毛状细齿。

营养功效：富含蛋白质、脂肪、钙、磷、钾、钠、镁、铁、碘等营养成分，具有利小便、消水肿、祛风、醒酒、治消渴饮水无度的功效，适宜肝硬化腹水、肾炎水肿、脚气水肿以及营养不良性水肿者食用。适宜小儿痘疹初期食用。

选购技巧：新鲜的鱼，一般嘴紧闭，口内清洁；鳃鲜红、排列整齐；眼稍凸，黑白眼珠分明，眼面明亮无白蒙；表面黏液清洁、透明，略腥味；鱼体肉质发硬，富有弹性。

辣烧黄辣丁 （热）

原料 黄辣丁1000克，红椒筒30克

调料 姜片、蒜片、干辣椒、紫苏叶、豆瓣酱、辣酱、胡椒粉、鲜汤、植物油、红油、白醋、料酒、盐各适量

做法

1. 黄辣丁从鳃部撕去内脏，洗净血水备用。

2. 锅置旺火上，加入植物油烧至六成热，下黄辣丁、蒜片炸一下，倒入漏勺沥油。

3. 锅内留底油，下姜片、干辣椒、豆瓣酱、辣酱炒香，放黄辣丁、蒜片，烹白醋、料酒，倒鲜汤，旺火烧开后撇去浮沫，加盐，待黄辣丁入味时，旺火收浓汤汁，放紫苏叶和红椒筒，淋红油，装入干锅内，淋香油即可。

红烧黄辣丁 （热）

原料 黄辣丁 400 克，辣椒丝、蒜苗各 50 克

调料 蒜片、泡椒、鲜汤、猪油、料酒、生抽、盐各适量

做法

1. 黄辣丁处理干净。

2. 蒜苗洗净切段。

3. 锅入猪油烧热，放黄辣丁煎香，加辣椒丝、蒜片、泡椒爆香，烹料酒、生抽、盐调味，加鲜汤炖10分钟，放蒜苗段出锅，装盘即可。

其他鱼

鱼是一种水生的冷血脊椎动物,用鳃呼吸,具有颚和鳍,可分为软骨鱼类和硬骨鱼类。鱼类含有丰富的蛋白质、维生素A、维生素D及微量元素,其营养价值非常高。

营养功效: 鱼肉含有叶酸、维生素B$_2$、维生素B$_{12}$等维生素,有滋补健胃、利水消肿、清热解毒、止嗽下气的功效。

选购技巧: 新鲜的鱼,一般嘴紧闭,口内清洁;鳃鲜红、排列整齐;眼稍凸,黑白眼珠分明,眼面明亮无白蒙;表面黏液清洁、透明,略腥味。

原料 钳鱼1条,蒸肉粉100克

调料 葱花、姜末、蒜末、荷叶、泡椒、豆瓣、鲜汤、胡椒粉、蒸肉米粉、料酒、盐各适量

做法

1. 将钳鱼肉洗净切成片。荷叶洗净后入沸水中烫软,切成三角形。

2. 鱼片加姜末、豆瓣、泡椒、蒜末、盐、胡椒粉、料酒、鲜汤与蒸肉米粉拌匀。放入用荷叶铺底的蒸笼中,蒸熟撒葱花即可。

荷叶粉蒸钳鱼 热

小炒火焙鱼 热

原料 火焙鱼 100 克,青椒 20 克

调料 葱、植物油、酱油各适量

做法

1. 火焙鱼洗净,沥干水分。

2. 青椒切丝,葱切丝。

3. 锅入植物油烧至六成热,放入火焙鱼炸香。

4. 锅留底油烧热,葱丝、酱油爆锅,放入青椒丝、炸好的火培鱼翻炒,炒匀出锅即可。

苦瓜鱼丝 热

原料 财鱼350 克,苦瓜丝、红椒丝各 150 克

调料 姜丝、胡椒粉、水淀粉、色拉油、白醋、白糖、盐各适量

做法

1. 苦瓜丝、红椒丝分别焯水。财鱼肉切丝,过温水,冲凉,加盐、水淀粉、胡椒粉拌匀备用。

2. 锅放色拉油烧热,将鱼丝过油,捞出控油备用。

3. 锅留底油烧热,炒香姜丝,倒入鱼丝、苦瓜丝、红椒丝炒匀,加白糖、白醋调味,用水淀粉勾芡即可。

鱼杂

鱼肚，即鱼鳔、鱼胶、白鳔、花胶，是鱼的沉浮器官，经剖制晒干而成。

营养功效：鱼肚营养价值很高，含有丰富的蛋白质和脂肪，主要营养成分是黏性胶体高级蛋白和多白糖物质，女士视其为养颜珍品。对身体各部分均有补益能力，是补而不燥之珍贵佳品。

选购技巧：色泽透明，无黑色血印，体大者涨发性强为最佳。

白汁鱼肚 （热）

（原料） 菜花 50 克，发好鱼肚 500 克

（调料） 葱、姜、胡椒粉、水淀粉、料酒、盐各适量

（做法）

1. 菜花择洗干净，切块，放进开水锅中稍煮，捞出。

2. 葱、姜洗净切片。鱼肚切块，放开水锅中稍煮，捞出控干水分。

3. 葱、姜入油锅炒香，烹入料酒，加水烧开后，放鱼肚、菜花、盐、胡椒粉，烧开锅后用文火慢烧。待调料入味后，用水淀粉勾芡即可。

青豆焖鱼鳔 （热）

（原料） 鱼鳔300克，青豆、熟蚕豆各50克

（调料） 葱段、姜末、蒜末、泡椒、蚝油、清汤、胡椒粉、色拉油、料酒、盐各适量

（做法）

1. 青豆洗净。鱼鳔洗净，氽水，冲凉备用。

2. 锅放油烧热，炒香葱段、姜末、蒜末，加清汤、鱼鳔、青豆、蚕豆、泡椒、料酒，加盐调味。

3. 烧开后改文火焖 10~15 分钟，加蚝油、胡椒粉即可。

干锅鱼杂 （热）

（原料） 鱼杂（鱼泡、鱼籽、鱼油）600 克，南豆腐500 克

（调料） 调料A（葱段、姜片、干红辣椒、花椒、料酒）、调料B（辣椒酱、白酒、米醋、盐）、美人椒段、香菜段、植物油各适量

（做法）

1. 鱼杂洗净，沥干水。南豆腐洗净切块，放滚水中氽烫1分钟捞出。

2. 锅入油烧热，放鱼泡、鱼油翻炒，加调料A炒匀。加鱼籽、豆腐块略炒，加水旺火煮开，加调料B转文火炖15分钟，加美人椒段，再炖5分钟收浓汁，撒香菜段即可。

虾

虾属节肢动物甲壳类，种类很多，包括青虾、河虾、草虾、小龙虾、对虾、明虾、基围虾、琵琶虾、龙虾等。虾味很鲜，具有超高的食疗价值。

营养功效： 虾中含有丰富的镁，镁对心脏活动具有重要的调节作用，能很好的保护心血管系统。

选购技巧： 新鲜的虾，颜色发亮、发青，壳与肌肉之间粘得很紧密，用手剥取虾肉时，需要稍用一些力气才能剥掉虾壳。还可以看虾头，如果虾头疲软，那就不是新鲜的虾。

虾仁罗汉肚 〔凉〕

原料 猪小肚150克，青豆、猪皮、虾仁各100克

调料 鱼胶粉、盐各适量

做法

1. 猪皮洗净氽水，煮熟。虾仁洗净用沸水氽至断生，切丁。

2. 将猪皮切成丁，与虾仁丁、青豆、鱼胶粉加水调散，放盐拌均匀，灌入猪小肚内，用牙签封住肚口。

3. 上笼蒸熟，放入冷柜冷冻后，将猪肚切成4厘米长、0.2厘米宽的片，装盘即可。

草菇虾仁 〔热〕

原料 虾仁300克，草菇150克，胡萝100克

调料 葱、胡椒粉、淀粉、食用油、料酒、盐各适量

做法

1. 虾仁洗净，去虾线，沥干水分。

2. 草菇加盐，焯烫后捞出冲凉。胡萝卜去皮，切片。葱切段。

3. 锅入油烧热，放入虾仁炸至变红，捞出控油。

4. 另用油锅炒葱段、胡萝卜片、草菇，将虾仁回锅，加料酒、盐、胡椒粉炒匀，盛出即可。

甜辣虾球 〔热〕

原料 虾仁300克，鸡蛋3个

调料 蒜末、红小米椒、甜辣酱、淀粉、胡椒粉、食用油、料酒、白糖、盐各适量

做法

1. 虾仁洗净，去虾线，加料酒、盐、胡椒粉腌渍入味。

2. 鸡蛋加淀粉调成糊，放虾仁挂匀，入油锅炸至外皮金黄捞出。

3. 蒜末入油锅炒香，加甜辣酱、红小米椒、白糖炒匀，放入炸好的虾仁炒匀即可。

酸萝卜炒虾仁 热

原料 虾仁350克，酸萝卜、西蓝花各50克

调料 蒜末、盐、水淀粉、植物油各适量

做法

1. 虾仁用牙签挑去虾线，洗净，从脊背划一刀。酸萝卜切菱形块。西蓝花掰小朵，洗净备用。
2. 锅中放入清水烧沸，分别放入虾仁、酸萝卜块、西蓝花焯烫一下，捞出控水备用。
3. 锅内放油烧热，下蒜末爆香，再放入虾仁、西蓝花、酸萝卜块、盐翻炒入味，用水淀粉勾芡，起锅装盘。

菊花虾仁 热

原料 虾仁400克，白菊花瓣15克，青豆10克

调料 葱末、姜末、蒜末、蛋清、清汤、水淀粉、植物油、香油、料酒、盐各适量

做法

1. 虾仁放在碗中，加蛋清、盐、料酒、水淀粉，拌匀上浆。碗内放1大勺清汤，另放入洗净的白菊花瓣、料酒、盐、水淀粉兑成汁。
2. 锅入植物油烧热，放入浆好的虾仁，炒至断生，捞出。
3. 锅内放少许油，用葱末、姜末、蒜末炸出香味，放青豆、虾仁煸炒，倒入汁水，炒熟，淋香油即可。

荸荠虾仁 热

原料 鲜虾仁300克，荸荠100克，青豆粒30克，蛋清1个

调料 葱段、姜片、鸡汤、淀粉、色拉油、料酒、盐各适量

做法

1. 虾仁洗净，去虾线。荸荠切成小方丁。
2. 虾仁加盐、料酒、蛋清、淀粉拌匀，腌入味。把葱、姜、料酒、盐、鸡汤、青豆粒、淀粉放入碗内调成汁。
3. 锅内倒油烧热，放入虾仁煸炒至七成熟，放入荸荠略炒，倒入调好的汁炒匀即可。

宫保虾仁 热

原料 虾仁300克，鸡蛋清40克，去皮炸花生米50克

调料 蒜泥、干辣椒段、糖色、花椒粉、淀粉、色拉油、香油、酱油、醋、料酒、白糖、盐各适量

做法

1. 虾仁洗净，用蛋清、淀粉、盐拌匀，将酱油、料酒、白糖、醋、糖色、香油拌匀上浆，置于碗中备用。

2. 锅入油烧热，放虾仁旺火炸至八成熟，捞起沥干。

3. 锅中留少许油，爆香干辣椒段、蒜泥、花椒粉后，倒入虾仁翻炒，淋调好的味料，放入去皮炸花生米，拌炒均匀即可。

铁板黑椒虾鳝 热

原料 虾仁400克，鳝鱼段300克，红椒块各50克

调料 葱段、姜片、黑胡椒、植物油、料酒、白糖、盐各适量

做法

1. 虾仁洗净，去虾线。鳝鱼段洗净，分别加盐、料酒腌渍入味。

2. 锅入油烧热，将虾仁、鳝鱼段分别入油锅滑一下，捞出沥油。

3. 锅内留底油烧热，下姜片、葱段、红椒块爆香，加入虾仁、鳝段稍加翻炒，加白糖、黑椒、盐调味。将铁板烧热，将虾、鳝放在铁板上即可。

翡翠虾仁 热

原料 虾仁200克，豌豆50克，鸡蛋清75克

调料 葱花、姜丝、高汤、鸡粉、胡椒粉、淀粉（豌豆）、花香油、生油、料酒、白糖、盐各适量

做法

1. 虾仁切成小段，放入碗中，加鸡蛋清、盐、淀粉拌匀。

2. 豌豆放入沸水锅中，加入白糖、盐腌入味，氽熟，捞出沥水备用。

3. 虾仁下油锅中滑至八成熟，捞出控油。

4. 锅中留底油，加葱花、姜丝爆香，倒入虾仁和豌豆，烹入料酒和高汤，再加盐、白糖、胡椒粉、鸡粉调味，翻炒均匀，淋入香油即可。

腰果炒虾仁 热

原料 虾仁300克，炸腰果仁30克，火腿丁20克

调料 葱片、姜片、蒜片、青椒丁、红椒丁、蛋清、淀粉、水淀粉、食用油、香油、料酒、盐各适量

做法

1. 虾仁洗净去虾线，加盐、料酒、淀粉、蛋清上浆，入温油锅中滑熟，捞起控油。

2. 锅中加油烧热，放入葱片、姜片、蒜片、料酒爆香，放青椒丁、红椒丁、火腿丁、虾仁，加盐调味，用水淀粉勾芡，淋香油，撒上腰果出锅即可。

虾仁花椒肉 热

原料 猪肉500克，虾仁100克，蛋清1个，黄瓜丁50克

调料 姜、葱、花椒、干辣椒、高汤、生粉、酱油、绍酒、白糖、盐各适量

做法

1. 猪肉洗净，切丁，用盐、绍酒、葱、姜、酱油拌匀，腌渍20分钟。干辣椒去蒂、籽，切节。

2. 肉丁入油锅炸3分钟。虾仁用蛋清、生粉腌制，下锅滑油倒出。

3. 锅入油烧熟，下干辣椒节、花椒炒至呈棕红色，将白糖、酱油、高汤、肉丁下锅，待汁收浓，肉丁软和时，加入虾仁、黄瓜丁，略炒起锅即可。

雪菜毛豆炒虾仁 热

原料 海虾仁300克，雪菜、毛豆仁各20克

调料 葱末、姜末、蛋清、高汤、鸡粉、团粉、生粉、植物油、料酒、盐各适量

做法

1. 虾仁洗净，去虾线，挤干水分，加蛋清、盐、团粉搅拌均匀浆好。

2. 锅入油烧至三四成热，放虾仁拨散滑熟，捞出控油。

3. 锅留底油烧热，下葱末、姜末炝锅，放雪菜、毛豆仁煸炒一下，再放虾仁、料酒、盐、鸡粉、高汤颠炒均匀，用生粉水勾芡，颠炒均匀，淋明油，装盘即可。

香辣脆皮明虾 （热）

原料 虾300克，特制香辣酱30克

调料 葱段、姜片、蒜、胡椒粉、淀粉、低筋面粉、泡打粉、花生油、香油、红油、料酒、白糖、盐各适量

做法

1. 虾洗净，加葱段、姜片、盐、料酒、胡椒粉腌制，剩余葱、姜、蒜均切末。将低筋面粉、淀粉、泡打粉加水调成脆浆糊，放油调匀。

2. 将虾放入脆浆糊中拖裹均匀，下花生油锅炸至定型，待油温升至七成热时，复炸至香脆且色泽呈淡黄色。

3. 葱末、姜末、蒜末入油锅爆香，下香辣酱炒香，放炸好的脆皮虾，烹料酒，调入白糖，淋红油、香油，炒匀即可。

盆盆香辣虾 （热）

原料 大虾300克，土豆条、香芹段、油炸花生米各50克

调料 香葱段、姜片、蒜片、干辣椒段、熟芝麻、辣椒油、植物油、香油、生抽、料酒、白糖、盐各适量

做法

1. 大虾洗净，去虾线，用料酒、盐腌渍片刻，入油锅热炸至呈金黄色，捞出控油。

2. 土豆条炸熟，捞出沥干油备用。

3. 蒜片、干辣椒段、姜片入油锅炒香，放香芹段、虾、土豆条、生抽、白糖、盐、香葱段、花生米和芝麻炒匀，淋香油和辣椒油即可。

干锅排骨香辣虾 （热）

原料 虾300克，排骨200克，油酥花生米、青红椒段、土豆条、藕片、芹菜段、香菇段、青笋段各适量

调料 葱、姜片、蒜片、干辣椒、花椒、干锅调料、料酒、白糖、盐各适量

做法

1. 虾加盐、料酒、干锅调料码味。排骨加水、盐、花椒、姜片煮熟。土豆条入油锅炸至金黄。

2. 锅入油烧热，下姜片、蒜片、葱爆香，放青红椒、干辣椒、花椒和干锅调料炒香，下虾、排骨炒至干酥，捞出，锅中加其余原料、水烧入味，再放虾、排骨翻炒均匀即可。

辣子鸿运虾 （热）

原料 基围虾300克

调料 葱粒、姜粒、蒜粒、香菜段、干辣椒段、脆炸粉、食用油、料酒、盐各适量

做法

1. 基围虾洗净，去头、虾线，加盐、料酒、葱姜蒜粒腌入味，裹上脆炸粉入热油锅中炸至呈金黄色，捞出控油。

2. 锅留油烧至四成热，下入葱粒、姜粒、蒜粒、干辣椒段、香菜段爆香后，放基围虾旺火煸炒30秒，翻炒均匀后出锅入盘即可。

豆豉口味虾 （热）

原料 虾300克，干红辣椒段50克

调料 葱片、姜片、蒜片、豆豉、辣椒油、食用油、生抽、白糖、盐各适量

做法

1. 虾洗净，去虾线，背部划一刀，入六成热油锅中炸一下，捞出控油。

2. 锅入油烧热，放葱片、姜片、蒜片、豆豉、干红辣椒段爆香，放入虾、盐、白糖、生抽，旺火翻炒收汁，淋辣椒油出锅即可。

豌豆萝卜炒虾 （热）

原料 虾300克，豌豆60克，泡萝卜30克

调料 食用油、香油、酱油、料酒、盐各适量

做法

1. 虾洗净，去虾线，加料酒、盐、酱油腌渍入味。豌豆洗净，入锅煮熟。泡萝卜洗净，切丁。

2. 锅入油烧热，将虾炒熟，捞出。

3. 锅入油烧热，倒入泡萝卜丁、豌豆翻炒至熟，加入虾和香油再炒几下，装盘即可。

麻辣虾 （热）

原料 虾400克，干红椒段、青椒段各50克

调料 葱片、姜片、蒜片、花椒、泡椒酱、豆瓣酱、麻椒、食用油、酱油、料酒、白糖、盐各适量

做法

1. 虾洗净，去虾线，沥干水分，背脊开边备用。

2. 锅入油烧热，爆香姜片、蒜片，转文火，再放干红椒段、花椒、豆瓣酱炒出红油。放虾快炒，下酱油、青椒段、葱片、姜片、泡椒酱、麻椒、料酒、盐、白糖调味，出锅即可。

淮扬小炒 （热）

原料 河虾仁200克，红、黄椒各50克

调料 葱末、姜末、蛋清、高汤、鸡粉、淀粉、水淀粉、植物油、料酒、白糖、盐各适量

做法

1. 虾仁处理干净，放蛋清、淀粉、盐浆好，红、黄椒切象眼片。

2. 虾仁入油锅滑熟，放红黄椒过油。

3. 葱末、姜末入油锅炝锅，放虾仁、红黄椒片、盐、鸡粉、白糖、料酒、高汤翻炒一下，水淀粉勾芡，淋明油，炒匀即可。

泡菜炒河虾 （热）

原料 河虾300克，四川泡菜粒、青红椒粒各适量

调料 葱末、姜末、胡椒粉、植物油、酱油、料酒、白糖、盐各适量

做法

1. 河虾处理好，加葱末、姜末、料酒腌10分钟。

2. 将腌制好的河虾放入油锅炸至变红、壳酥，捞出控油。

3. 锅入油烧热，用葱末、姜末爆香，放泡菜粒、青红椒粒、河虾，烹料酒、胡椒粉、酱油、盐、白糖，炒匀即可。

松仁河虾球 （热）

原料 河虾300克，青豆、松子、枸杞各10克

调料 葱片、姜片、蛋清、淀粉、水淀粉、食用油、香油、料酒、盐各适量

做法

1. 河虾洗净，去虾线、皮，加盐、料酒、淀粉、蛋清上浆，入温油锅中滑熟，捞出控油。

2. 锅入油烧热，烹入料酒、葱片、姜片爆香，放河虾仁、青豆、枸杞，加盐调味，用水淀粉勾芡，撒松子，淋香油出锅即可。

小炒白虾 （热）

原料 小白虾300克，红杭椒圈20克

调料 香葱段、食用油、料酒、椒盐、盐各适量

做法

1. 小白虾洗净，放盐、料酒腌制后，入热油锅炸至呈金黄色，捞出控油。

2. 锅入油烧热，放香葱段、红杭椒圈、料酒爆香，加入炸好的小白虾，撒椒盐，翻炒匀出锅即可。

虾酿黄瓜 〔热〕

原料 黄瓜1根，虾仁、猪肥瘦肉、蘑菇、鲜笋各100克

调料 蛋清、鸡汤、胡椒粉、水淀粉、豆粉、鸡油、料酒、盐各适量

做法

1. 蘑菇、鲜笋、猪肥瘦肉剁细粒，加盐、料酒、蛋清、豆粉拌匀成馅。

2. 将黄瓜切段、去瓤后稍煮，再填入馅心至平，上面摆上虾仁，入笼蒸约5分钟，取出摆入盘中备用。

3. 锅内加入鸡汤烧沸，放入盐、料酒、胡椒粉、水淀粉勾成芡汁，再加入鸡油，起锅淋在黄瓜上即可。

奶汁虾仁 〔热〕

原料 鲜虾仁300克，鲜牛奶200克，青豆10粒

调料 蛋清、清汤、水淀粉、食用油、料酒、盐各适量

做法

1. 虾仁洗净，去虾线，加盐、料酒、水淀粉上浆，放入四成热油锅中滑熟，捞出控油。牛奶倒入器皿中，放入盐、水淀粉，调成牛奶糊。

2. 锅入油烧热，倒入牛奶糊搅匀，用勺慢慢推动成雪白块状，浮在油上面，捞出控干油。

3. 锅留余油烧热，倒入清汤、盐、料酒烧开后，用水淀粉调成稀芡，倒入奶块、虾仁、蛋清、青豆，装入盘中即可。

番茄锅巴虾仁 〔热〕

原料 虾仁200克，番茄丁50克，黄瓜丁、黑木耳各20克，袋装锅巴1包

调料 姜片、蛋清、番茄酱、淀粉、色拉油、白糖、盐各适量

做法

1. 虾仁洗净，加盐、蛋清、淀粉拌匀。

2. 锅入油烧至四成热，放虾仁滑炒，捞出控油。锅内剩余油加热至七成热，放锅巴炸至金黄酥脆，捞出装盘。

3. 锅入油烧热，放入番茄酱煸香，加适量清水，加番茄丁、黄瓜丁、黑木耳、姜片、虾仁，调入白糖、盐，略煮两分钟，水淀粉勾芡出锅，浇到炸好的锅巴上即可。

（原料）虾仁300克，青豆50克，鸡蛋3个

（调料）葱末、姜泥、蒜泥、胡椒、豆瓣酱、番茄
酱、高汤、水淀粉、植物油、香油、醋、料
酒、白糖、盐各适量

（做法）

1. 虾仁加盐、胡椒、料酒、蛋清拌匀，放入热油
锅中炸至变色，捞出沥干。

2. 将姜泥、蒜泥、豆瓣酱、番茄酱炒香，加高汤、
料酒、白糖、盐、胡椒、醋、植物油、青豆烧
开调味。

3. 撒葱末，用水淀粉勾芡，淋香油，浇在炸好的
虾仁上即可。

豆瓣脆虾仁 （热）

干锅香辣虾 （热）

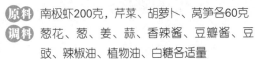

（原料）南极虾200克，芹菜、胡萝卜、莴笋各60克

（调料）葱花、葱、姜、蒜、香辣酱、豆瓣酱、豆
豉、辣椒油、植物油、白糖各适量

（做法）

1. 南极虾洗净，去虾线，入热油锅中翻炒至变
色，倒出控油。莴笋去皮，胡萝卜去皮，芹菜
洗净，均切寸段。

2. 豆瓣酱、豆豉分别剁碎，锅入油烧热，放葱姜
蒜、香辣酱、豆瓣酱、豆豉爆锅，放入芹菜
段、胡萝卜段、莴笋段、南极虾翻炒，加水、
白糖调味，旺火烧至收汁，淋辣椒油，撒葱
花，翻匀出锅即可。

黄焖带皮虾 （热）

（原料）大虾500克，黄瓜100克，红椒、水发木耳
50克

（调料）葱、姜、葱油、高汤、料酒、盐各适量

（做法）

1. 大虾洗净，剪掉虾须、虾脚，去虾线，从头尾
衔接处剪断。

2. 将木耳、红椒、黄瓜洗净，切片。葱、姜去皮
洗净，切片备用。

3. 锅内放油烧热，放虾煸炒，待虾颜色变红、吐
油时，把葱片、姜片、木耳、红椒、黄瓜片一
同放入稍炒，烹料酒，加高汤、盐烧开，移至
文火慢烧，待虾烧透，改用中火将汁收稠，盛
在盘中即可。

海米烧豆腐 热

原料 海米300克，嫩豆腐150克

调料 蒜苗、花椒、辣椒、豆豉、水淀粉、辣椒油、植物油、酱油、醋、白糖、盐各适量

做法

1. 嫩豆腐切块，放入盐水中泡10分钟，去豆味。花椒、辣椒切末。蒜苗洗净切粒。
2. 海米用清水泡2个小时，加醋用热水煮一下。
3. 锅中放油，下入花椒、豆豉、辣椒油、白糖、花椒末、辣椒末、酱油，加豆腐块、海米烧入味，水淀粉勾芡出锅，撒上蒜苗粒即可。

生焖大虾 热

原料 大虾500克

调料 葱、姜、番茄酱、鲜汤、水淀粉、猪油、绍酒、白糖、盐各适量

做法

1. 大虾剪去虾足、虾须，去虾线，洗净。姜切片。葱切段。
2. 锅入猪油烧热，下入葱段、姜片炝香。
3. 下入大虾煎至变色，烹入绍酒略焖，倒入鲜汤、盐、番茄酱、白糖焖熟。
4. 用水淀粉勾薄芡，淋猪油，出锅摆入盘内即可。

沙律虾球 热

原料 净虾肉200克，猪肥肉膘50克

调料 葱末、姜末、面包渣、蛋清、沙律酱、花生油、料酒、盐各适量

做法

1. 虾肉、肥肉膘洗净，剁成细泥，放碗内，加葱末、姜末、料酒、盐、蛋清搅打成馅。
2. 锅入花生油烧至六成热，把馅挤成丸子。滚上面包渣，下锅炸至呈金黄色，捞出控油。
3. 淋沙律酱，放在盛器上即可。

吉利虾 热

原料 对虾200克，鸡蛋2个，洋葱丝、笋丝、胡萝卜丝各50克

调料 葱丝、蒜末、面包糠、淀粉、植物油、醋、白糖、盐各适量

做法

1. 虾洗净，去皮、虾线，放盐略腌。鸡蛋磕碗中搅匀。提起虾尾穿过割透的缝隙，拉成虾条生坯，拍淀粉，拖蛋液，拍面包糠。

2. 将虾坯下油锅炸至金黄色捞出，放在盘中。

3. 油锅加蒜末、葱丝爆香，下洋葱丝、笋丝、胡萝卜丝炒匀，加白糖、醋、盐调味，放在炸好的虾旁边装饰即可。

榄菜虾仁蒸白玉 热

原料 虾仁400克，豆腐100克

调料 橄榄菜、清汤、水淀粉、鸡粉、色拉油、白糖、盐各适量

做法

1. 豆腐洗净，切成方块，摆入盘中备用。

2. 将橄榄菜和虾仁放在豆腐上，放入蒸锅中蒸3分钟，取出。

3. 锅入色拉油烧热，倒入清汤，放盐、鸡粉、白糖烧开。用水淀粉勾芡，淋在豆腐上即可。

虾仁筒子饭 热

原料 香米300克，虾仁、腊肉、青豆、葡萄干各100克

调料 盐适量

做法

1. 香米洗净，用清水浸泡好，捞出放入器皿中。

2. 将虾仁洗净，去虾线。青豆、葡萄干分别洗净。腊肉切成片备用。

3. 用盐浸腌虾仁、青豆、腊肉片入味。

4. 将香米放入蒸锅内蒸至水分稍干，放入腊肉、虾仁、青豆、葡萄干，继续蒸熟即可。

虾仁蒸豆腐 （热）

原料　虾仁、豆腐各200克，鸡蛋3个

调料　葱汁、姜汁、水淀粉、香油、料酒、盐各适量

做法

1. 虾仁洗净，去虾线。豆腐切丁，放入沸水中略烫捞出。

2. 将鸡蛋磕入大碗中，加入葱汁、姜汁、盐、清水，用水淀粉勾芡，再放入豆腐丁搅匀。

3. 虾仁放入小碗中，加盐、料酒腌渍入味，整齐地摆放在豆腐丁、鸡蛋液上。

4. 将盛豆腐的大碗放入蒸笼中，用中火蒸15分钟取出，淋入香油即可。

虾仁炒干丝 （热）

原料　虾仁、干丝各200克

调料　葱片、姜片、香菜段、胡椒粉、食用油、香油、料酒、盐各适量

做法

1. 虾仁洗净，去虾线，余水沥干。

2. 干丝焯水沥干。

3. 锅入油烧热，放葱片、姜片、料酒爆香，放入虾仁、干丝、盐、胡椒粉翻炒均匀。

4. 淋香油，撒香菜段出锅即可。

海鲜炖豆腐 （汤）

原料　鲜虾仁150克，鱼肉片50克，嫩豆腐200克，青菜心100克

调料　葱、生姜、植物油、盐各适量

做法

1. 虾仁洗净，去虾线。鱼肉片洗净。

2. 青菜心择洗干净，切成段。

3. 嫩豆腐切成小块。

4. 葱、生姜均洗净，切成末。

5. 锅置火上，放入植物油烧热，下葱末、姜末爆锅，再下入青菜心稍炒，放入虾仁、鱼肉片、豆腐稍炖一会儿，加盐调味即可。

海米烩萝卜丸 （汤）

原料 海米200克，白菜心、青萝卜各100克，鸡蛋3个

调料 香葱、胡椒粉、淀粉、花生油、盐各适量

做法

1. 青萝卜切细丝，加淀粉、鸡蛋、盐、胡椒粉，制成丸子。

2. 白菜心掰成小块，用沸水焯熟。

3. 炒锅置文火上，加花生油烧至五成热，爆香香葱。

4. 加少许水，下入白菜心、海米烧开，浇在丸子上即可。

虾仁烩冬蓉 （汤）

原料 冬瓜500克，鲜虾仁100克，鸡蛋清2个

调料 姜片、鲜汤、水淀粉、胡椒粉、熟猪油、色拉油、绍酒、盐各适量

做法

1. 虾仁开背去虾线。冬瓜肉用搅拌机打成蓉。

2. 冬瓜蓉加姜片放入蒸锅中，用旺火蒸约20分钟至熟，取出后去掉姜片。

3. 锅入色拉油烧至四成热，下虾仁滑散至熟，捞出沥油。

4. 另起锅入熟猪油、绍酒、盐、鲜汤煮沸，再放虾仁、冬瓜蓉，转文火烧烩片刻，撒入胡椒粉煮匀，淋入鸡蛋清，用水淀粉勾芡，出锅即可。

双虾丝瓜水晶粉 （汤）

原料 虾仁300克，海米、丝瓜各100克，红彩椒条、粉丝各50克

调料 姜末、白糖、盐各适量

做法

1. 丝瓜去皮切粗条。姜切末。虾仁洗净，去虾线。粉丝、海米用温水泡软备用。

2. 锅入油烧热，下姜末、海米煸炒片刻，放入丝瓜，倒适量清水，加白糖、盐调味，放入粉丝旺火烧开，待粉丝熟后和丝瓜一起捞出放在盘中。

3. 锅中留原汤，放入红彩椒条、虾仁烫熟，和汤一起浇在粉丝上即可。

螃蟹是甲壳类动物，绝大多数种类的螃蟹生活在海里或靠近海洋，当然也有一些螃蟹栖于淡水或住在陆地上。螃蟹靠鳃呼吸。螃蟹含有丰富的蛋白质及微量元素，对身体有很好的滋补作用。

营养功效： 有清热解毒、补骨添髓、养筋活血、通经络、利肢节、滋肝阴、充胃液之功效。

选购技巧： 选蟹要活泼且重的，最好现买现吃，新鲜的蟹其蟹壳青灰色，蟹螯和蟹腿完整，腿关节有弹性，蟹的两端壳尖无损伤。螃蟹分雄蟹（尖脐）、雌蟹（团脐）。雌蟹黄多肥美，雄蟹油多肉多。

膏蟹炒年糕　（热）

原料 膏蟹350克，年糕80克

调料 姜、食用油、酱油、白糖、盐各适量

做法

1. 膏蟹洗净，斩块。

2. 姜洗净，切片。

3. 年糕洗净，切片，入水中煮熟，捞出，沥干水分。

4. 炒锅上火，入油烧至六成热，下入姜片炒香，加入膏蟹炸至呈火红色。

5. 放酱油、白糖、盐调味，放入年糕翻炒均匀，盛入盘中即可。

回锅肉炒蟹　（热）

原料 肉蟹400克，带皮五花肉200克

调料 葱粒、姜粒、蒜粒、豆瓣酱、老干妈辣酱、豆豉酱、鸡粉、五香粉、辣椒油、色拉油、料酒、白糖各适量

做法

1. 肉蟹洗净，剥壳，蟹肉剁块。带皮五花肉放水中，旺火煮至六成熟，取出切片。

2. 锅入色拉油烧至六成热，放蟹块文火滑1分钟，捞出控油。放五花肉煸炒成灯盏状，放漏勺控油。

3. 锅内留油烧热，放葱粒、姜粒、蒜粒、豆瓣酱、老干妈辣酱、料酒爆香，放蟹块、五花肉、白糖、鸡粉、豆豉酱、五香粉调味，翻炒4分钟，淋辣椒油出锅即可。

多味炒蟹钳 （热）

原料 深海蟹钳300克，香菜末10克

调料 葱粒、姜粒、蒜粒、辣豆瓣酱、豆豉、辣椒油、色拉油、生抽、白糖各适量

做法

1. 蟹钳洗净，用刀拍一下，余水，沥干水分。

2. 锅入色拉油烧热，放葱粒、姜粒、蒜粒、辣豆瓣酱、豆豉、生抽爆香。放入蟹钳，再放生抽、白糖调味。翻炒5分钟至蟹钳熟透，淋辣椒油，出锅即可。

香辣蟹 （热）

原料 螃蟹1只

调料 葱段、姜片、蒜片、干辣椒、豆瓣、花椒、高汤、色拉油、料酒、盐各适量

做法

1. 螃蟹宰杀洗净，斩成4厘米大小的块。

2. 炒锅入油加热至七成热，放肉蟹块炸酥至熟捞起。

3. 锅留余油烧热，下豆瓣、姜片、葱段、蒜片、干辣椒、花椒炒香，倒高汤，下肉蟹，烹料酒，加盐烧入味，勾芡收汁后起锅即可。

农家酱蟹 （热）

原料 蟹350克

调料 香菜、淀粉、水淀粉、色拉油、酱油、料酒、盐各适量

做法

1. 蟹洗净，斩块，用盐、酱油腌渍15分钟。料酒、盐、水淀粉加清水兑成芡汁。

2. 炒锅入油烧至三成热。将蟹块裹少许淀粉入锅，炸熟至外表呈火红色。将芡汁淋在蟹上，翻炒均匀，盛入盘中，撒上香菜即可。

宁乡口味蟹 （热）

原料 肉蟹1只，青椒、尖红椒、黄灯笼椒各1个

调料 小米辣、高汤、蒸鱼豉油、蚝油、食用油、料酒、生抽、盐各适量

做法

1. 青椒、尖红椒切段，黄灯笼椒切碎。肉蟹宰杀去内脏，改成块。

2. 锅入食用油烧热，放肉蟹煸炒，加料酒、尖椒丝、黄灯笼椒、生抽、蒸鱼豉油、料酒、蚝油、盐、小米辣、高汤，焖至入味带油汁即可。

酱香蟹 _热

原料 蟹2只，青、红杭椒各30克

调料 食用油、醋、老抽、料酒、盐各适量

做法

1. 蟹洗净，用热水汆过后，捞起晾干。

2. 将青、红杭椒洗净，切去蒂和尖。

3. 炒锅置于火上，入食用油，旺火烧热，放入汆好的蟹爆炒至呈金黄色时，加入盐、醋、老抽、青杭椒、红杭椒、料酒，注入少量水焖煮熟透。

4. 待收汁入味后，将蟹盛出装盘即可。

海鲜香焖锅 _热

原料 草鱼1条，水蟹1只，大虾100克

调料 香葱段、姜片、蒜粒、香菜段、干辣椒、花椒、高汤、鸡粉、色拉油、盐各适量

做法

1. 草鱼洗净，头一剖为二，鱼身从腹部一剖为二。鱼头入油锅煎2分钟取出，鱼身放锅内煎4分钟至两面金黄。水蟹文火煎3分钟至两面发红，捞出放在盘里。大虾洗净，去虾线，入油锅煎至发红。

2. 将煎好的草鱼、水蟹、大虾放入砂锅，加干辣椒、花椒、鸡粉、盐、姜片、香葱段、蒜粒、香菜段、高汤，中火焖约5分钟即可。

螃蟹烩南瓜 _热

原料 螃蟹2只（约400克），南瓜300克，芹菜30克，咸蛋黄20克

调料 葱花、姜片、蒜片、八角、清汤、鸡粉、胡椒粉、熟猪油、绍酒、盐各适量

做法

1. 螃蟹开盖去内脏，洗净。南瓜去皮、洗净，切块。芹菜切段。咸蛋黄蒸熟后碾碎。

2. 锅入熟猪油烧热，下葱、姜片、蒜片、八角炝锅，加咸蛋黄、南瓜块和螃蟹块煸炒约1分钟，添清汤，烹入绍酒烧沸。加盐、鸡粉、胡椒粉调味，旺火烧沸后转文火烧5分钟至南瓜块微烂时，下芹菜段烧至熟烂，出锅装碗即可。

炸海蟹 （热）

原料 海蟹2个（约700克）

调料 辣椒粉、水淀粉、植物油、料酒、盐各适量

做法

1. 海蟹去脐、蟹盖、腮，冲洗干净，上下剁成两块，放盆内加料酒、盐、辣椒粉腌渍片刻。

2. 锅入植物油烧至八成热，将海蟹刀口断面处蘸水淀粉入油锅，炸至呈金黄色时捞起，两半蟹拼好码入盘中。蟹盖入油锅炸成赤色，盖在炸蟹上恢复原样即可。

肉蟹蒸蛋 （热）

原料 肉蟹1只，瘦肉150克，鸡蛋3个

调料 葱花、蒜末、淀粉、胡椒粉、香油、生抽、盐各适量

做法

1. 肉蟹洗净，剁块，沥干水分。瘦肉洗净，剁成肉末，加盐、生抽、淀粉、香油、胡椒粉和少量水拌匀。鸡蛋打散，加肉末搅匀。

2. 把剁好的蟹块按原形码在盘中，加肉、蛋，上蒸锅用旺火蒸熟，取出备用。

3. 油烧热，放入蒜末、葱花爆香，浇在蟹上即可。

糯米蒸闸蟹 （热）

原料 糯米400克，大闸蟹1只

调料 香葱、绍酒、盐各适量

做法

1. 大闸蟹杀洗干净，用盐水泡2分钟，备用。

2. 香葱洗净，切葱花。

3. 糯米淘净，沥干水分，加入盐、绍酒拌匀，同大闸蟹一起摆在盘内，入蒸锅蒸20分钟取出，撒上葱花即可。

上汤飞蟹 （汤）

原料 飞蟹400克，蘑菇50克

调料 葱丝、高汤、胡椒粉、食用油、盐各适量

做法

1. 飞蟹洗净揭壳切块，入沸水氽烫捞出。

2. 蘑菇洗净，去蒂，切片。

3. 锅中加高汤烧开，下入飞蟹、蘑菇、盐、食用油煮至入味，出锅时撒胡椒粉、葱丝即可。

贝类属软体动物门中的瓣鳃纲（或双壳纲），因一般体外披有贝壳，故名。常见的牡蛎、扇贝、珧柱、蛤蜊、蛏子等都属于贝类。

营养功效： 清热解毒、补阴除烦、益肾利水、清胃治痢、产后补虚。

选购技巧： 新鲜的扇贝壳比较亮、颜色鲜艳，否则就是不新鲜的。扇贝属于双贝类，即上下两壳都有肉，新鲜扇贝张口，会发现上下都有肉柱。将贝类放在水中，右手转动一下，活的海贝就会沉底，死的就会漂浮起来。活的贝类都是贝壳紧闭偶然张开一个小缝用手一碰就迅速合上，这样的贝类都是新鲜的。

腊味拌蛏子王 凉

原料 蛏子王500克，老腊肉100克

调料 甜面酱、南乳汁、蚝油、精炼油、香油、酱油各适量

做法

1. 蛏子王洗净，汆水，去壳取肉，去虾线。
2. 腊肉切成5厘米长、3厘米宽的薄片，备用。
3. 锅置火上，下精炼油烧至70℃时，放老腊肉炒出香味，起锅备用。
4. 锅内加酱油、甜面酱、蚝油、南乳汁、香油、蛏子肉、腊肉拌匀，装盘即可。

葱油海螺 凉

原料 鲜海螺肉300克，葱花40克

调料 食用碱、植物油、香油、白糖、盐各适量

做法

1. 鲜海螺肉洗净，改刀成薄片，放盆内，加适量清水和食用碱，泡制10分钟备用。锅入清水烧沸，放入泡制好的海螺肉片，汆至成熟后，捞起凉凉备用。
2. 锅入植物油烧至四成热，放入葱花，慢慢炒香出味后起锅，备用。
3. 盆中加盐、白糖、香油、葱油调匀后，放入海螺肉片充分拌匀，装盘，撒上葱花即可。

椒茸螺片 凉

原料 海螺200克，小青椒1个

调料 葱、香油、酱油、盐各适量

做法

1. 海螺搓洗干净，切片，放开水中稍煮，捞出，凉凉放入盘中。

2. 将小青椒、葱分别切成细末，成蓉状，加入酱油、香油、盐调匀，浇在海螺片上拌匀即可。

温拌海螺 凉

原料 海螺200克

调料 葱花、姜末、蒜泥、料酒、盐各适量

做法

1. 锅入清水、海螺煮熟。

2. 取出螺肉，切片。

3. 将葱花、姜末、蒜泥、料酒、盐调成味汁。

4. 将调好的味汁浇在海螺肉上，拌匀，海螺壳装饰即可。

芥末扇贝 凉

原料 扇贝200克

调料 葱段、葱花、姜片、芥末、食用油、香油、酱油、醋、白糖、盐各适量

做法

1. 扇贝洗净取肉，切片。锅入清水，放姜片、葱段煮出香味，去姜、葱，下扇贝肉烫熟，加盐拌匀。

2. 芥末加温水、醋、油、白糖拌匀，加盖焖30分钟，成芥末汁。

3. 扇贝片放入锅中，倒入芥末汁，加酱油、香油炒匀，撒葱花，用扇贝壳装饰即可。

铁板韭香鲜鲍 热

原料 鲜鲍鱼400克，韭菜50克

调料 蒜末、蒸鱼豉油、植物油、盐各适量

做法

1. 鲜鲍鱼去壳取净肉，切花刀，入沸水中汆熟，捞出沥干。鲍鱼壳洗净，将肉放回原壳。韭菜洗净备用。

2. 锅入植物油烧热，煸香蒜末、韭菜，加蒸鱼豉油、盐调味，放入鲍鱼翻炒均匀。将铁板烧热，倒入韭菜、鲍鱼即可。

琥珀蜜豆炒贝参 （热）

原料 北极贝300克，豆角350克，海参200克，核桃仁150克，熟白芝麻50克

调料 黄彩椒块、色拉油、白糖、盐各适量

做法

1. 北极贝洗净，沥干。海参洗净，切条，汆水捞出。豆角洗净，切段，焯水沥干。

2. 锅入白糖烧热，放入核桃仁炒至上糖色捞出，裹上熟白芝麻。

3. 锅入色拉油烧热，倒入豆角煸炒，加入海参、黄彩椒块、北极贝翻炒匀，调入盐，撒上核桃仁炒匀即可。

辣炒海瓜子 （热）

原料 海瓜子750克

调料 葱、姜、干辣椒、甜面酱、植物油、生抽、盐各适量

做法

1. 海瓜子洗净泥沙，备用。葱洗净，切花。姜去皮，切末。干辣椒切段。

2. 锅中加水、海瓜子，慢火烧开，捞出。

3. 另起锅入植物油烧热，放葱花、姜末、干辣椒段、甜面酱爆锅。加入海瓜子炒匀，再加生抽、盐调味，装盘即可。

鱼香螺片 （热）

原料 田螺肉150克，西芹100克

调料 葱花、姜末、蒜泥、泡辣椒、辣椒油、香油、酱油、醋、料酒、白糖、盐各适量

做法

1. 田螺肉加盐、醋洗净，切薄片。西芹洗净，切薄片，用盐腌一下。泡辣椒去籽剁蓉。

2. 锅加清水，放料酒、姜末、葱花烧沸。下田螺肉片汆水断生捞出。将酱油、醋、白糖、盐成味汁，加泡椒蓉、姜末、蒜泥、辣椒油、香油、葱花调匀成鱼香味汁。

3. 西芹片热水焯至断生装入盘中，再摆放田螺肉片，浇上鱼香味汁即可。

五彩鲜贝 热

原料 鲜贝300克，胡萝卜球、黄瓜球、草菇各20克，水发香菇5克

调料 胡椒粉、淀粉、水淀粉、植物油、料酒、盐各适量

做法

1. 胡萝卜球、黄瓜球、草菇、香菇用开水焯一遍。鲜贝用淀粉上浆。

2. 锅入油烧热，将鲜贝滑透，捞出沥油备用。

3. 锅留底油烧热，放入鲜贝、胡萝卜球、黄瓜球、草菇、香菇、盐、料酒、胡椒粉煸炒。淋少许水淀粉勾芡，淋明油出锅即可。

九味金钱鲜贝 热

原料 鲜贝400克，蛋清1个

调料 香葱末、姜末、蒜泥、红椒米、淀粉、花椒粉、熟猪油、香油、醋、料酒、红辣椒酱、白糖、盐各适量

做法

1. 鲜贝洗净，用净白布按干水分。将鸡蛋清、盐、淀粉调匀，鲜贝上浆。红辣椒酱、醋、盐、白糖、淀粉、香油兑成汁。

2. 锅入熟猪油烧热，放入鲜贝滑熟，捞出备用。

3. 锅留余油，下入花椒粉、姜末、蒜泥、红椒米，煸炒出香辣味，将鲜贝入锅内，烹料酒，倒入兑好的汁翻炒，撒香葱末出锅即可。

青椒炒河螺 热

原料 小河螺、河虾各150克，青椒50克，韭菜30克

调料 干红椒段、植物油、香油、酱油、盐各适量

做法

1. 青椒切小块。韭菜择洗干净，切长段备用。

2. 河虾剪掉头上带刺的部分。河螺洗净，去螺尾。

3. 炒锅烧热，倒入植物油，待油热后按次序放入青椒、干红椒段、河螺、河虾翻炒，再放入韭菜同炒。

4. 炒熟后，放盐、酱油，淋香油，搅拌均匀起锅即可。

蛋炒蛤蜊木耳 〔热〕

原料 蛤蜊肉350克，水发木耳100克，鸡蛋2个

调料 葱花、尖椒、花椒水、水淀粉、豆油、盐各
适量

做法

1. 木耳择去硬根，洗净泥沙，撕成片。尖椒切
末。鸡蛋打入碗中，搅匀备用。

2. 炒锅入豆油烧热，放蛤蜊肉煸炒，再放葱花、
尖椒末、花椒水、木耳煸炒，下入蛋液，加盐
调味，用水淀粉勾芡，出锅即可。

姜葱炒蛤蜊 〔热〕

原料 蛤蜊400克

调料 葱段、姜片、香菜段、食用油、香油、料
酒、盐各适量

做法

1. 蛤蜊用水养1小时，待其吐尽泥沙，洗净，余水。

2. 锅入油烧热，爆香姜片，下蛤蜊爆炒，再下葱
段、盐、料酒调味，待蛤蜊开口，淋香油，撒香
菜段，翻匀出锅即可。

辣炒蛤蜊 〔热〕

原料 蛤蜊500克，青红杭椒20克

调料 葱末、姜末、蒜末、辣椒酱、食用油、白
糖、盐各适量

做法

1. 蛤蜊洗净泥沙。青红杭椒洗净，切斜段。

2. 锅入油烧热，放葱末、姜末、蒜末、辣椒酱爆
香，放蛤蜊、青红杭椒段，加盐、白糖翻炒，
盖锅盖焖2分钟，见蛤蜊开口即可出锅。

鸡腿菇炒螺片 〔热〕

原料 海螺片300克，鸡腿菇200克，青椒、红椒
各1个

调料 色拉油、醋、生抽、盐各适量

做法

1. 海螺片洗净。鸡腿菇泡发洗净，切片。青、红
椒洗净，切片。

2. 锅入色拉油烧热，放入螺片炒至变色，加入鸡
腿菇、青椒、红椒炒匀，再加入盐、醋、生抽
炒熟入味，起锅装盘即可。

爆炒蛏子

原料 蛏子500克

调料 葱、蒜、红椒碎、植物油、酱油、料酒、盐各适量

做法

1. 蛏子洗净，放入温水中氽水，捞起备用。

2. 葱、蒜洗净，均切末。

3. 锅入油烧热，加蒜末炒香。再放入氽过的蛏子翻炒。加盐、酱油、料酒炒至入味，撒上葱末、红椒碎，起锅装盘即可。

荷兰豆响螺片

原料 荷兰豆100克，响螺肉500克

调料 水淀粉、食用油、酱油、醋、料酒、盐各适量

做法

1. 响螺肉洗净，切片。荷兰豆洗净，去老筋，切段，入开水烫熟后，捞出装盘备用。

2. 油锅烧热，放入响螺肉，烹入料酒，加酱油、醋、盐调味，旺火爆炒均匀，加水淀粉勾芡，装在盘中的荷兰豆上即可食用。

辣炒海螺

原料 鲜海螺500克，红尖椒块20克

调料 辣椒酱、食用油、白糖、盐各适量

做法

1. 海螺去壳洗净，去掉内脏，改刀切片。

2. 锅中加水烧热，放入海螺片氽烫，捞出备用。

3. 锅入食用油烧热，放入辣椒酱爆香，加入海螺片，放入盐、白糖翻炒均匀，装盘即可。

酱爆小花螺

原料 小花螺500克，生菜100克，青椒、红椒各1个

调料 食用油、酱油、醋、盐各适量

做法

1. 小花螺洗净。生菜洗净，铺于钵底。青椒、红椒洗净，切圈。

2. 锅入食用油烧热，放酱油爆香，再放入小花螺、青红椒圈旺火爆炒至变色至熟，加盐、醋调味炒匀，起锅放在钵中生菜上即可。

红烧海螺 热

原料 鲜海螺肉250克，圆白菜叶50克，冬菇、冬笋各100克

调料 葱花、蒜末、清汤、水淀粉、猪油、鸡油、酱油、醋、料酒、白糖、盐各适量

做法

1. 鲜海螺肉分为两片，洗净，在肉的外面剞上十字花刀，再切块，加水淀粉调匀。冬菇、冬笋、圆白菜叶洗净，切片。

2. 将海螺肉入油锅炸一下，倒在漏勺内，沥油。

3. 锅入猪油烧热，放葱花、蒜末炒香，加清汤、白糖、酱油、盐、冬菇、冬笋、海螺肉、圆白菜叶、醋、鸡油、料酒，移文火煨3分钟，水淀粉勾芡，淋鸡油即可。

豆酱烧牡蛎 热

原料 牡蛎1000克，蒜苗20克，鲜红辣椒15克

调料 葱花、姜末、豆酱、清汤、胡椒粉、色拉油、香油、酱油、绍酒、白糖、盐各适量

做法

1. 牡蛎洗净。蒜苗切小段。鲜红辣椒切末。

2. 锅入色拉油烧至八成热，下葱花、姜末煸炒出香味，加入红椒末、豆酱炒匀，烹入绍酒，放入牡蛎肉稍炒片刻，加盐、酱油、胡椒粉、白糖、清汤烧沸，转文火烧至入味，撒上蒜苗段，转旺火翻炒均匀，淋入香油装盘即可。

奶汤干贝烧菜花 热

原料 菜花200克，干贝、火腿、鸡汤、油菜心各25克

调料 葱末、姜末、奶汤、熟猪油、绍酒、盐各适量

做法

1. 菜花洗净切小块。干贝加葱末、姜末上笼蒸熟，搓成小块。

2. 锅置火上，加熟猪油烧至六成热，先下葱末和姜末炝出香味，再加入奶汤、蒸干贝的原汤、盐、绍酒烧沸，撇去浮沫，放入菜花和干贝，用文火烧煮几分钟至软嫩入味。放入油菜心煮熟，出锅装碗即可。

香辣田螺 热

原料 田螺500克

调料 葱段、蒜、生姜、干辣椒、花椒、郫县豆瓣、辣椒油、鲜汤、精炼油、酱油、料酒、白糖、盐各适量

做法

1. 田螺搓洗后逐个夹破尾尖，捞出。

2. 干辣椒去籽，切碎。生姜拍破。

3. 锅置入精炼油烧热，放郫县豆瓣炒香上色，加干辣椒碎、花椒、生姜、蒜、葱段炒香，加鲜汤、盐、田螺、酱油、料酒、白糖，烧至汤汁收干时加入辣椒油，待收汁亮油，拣出葱、姜，凉凉装砂钵即可。

干贝汁焖冬瓜 热

原料 冬瓜300克，干贝30克

调料 姜片、盐、鸡粉、蚝油、食用油各适量

做法

1. 冬瓜洗净，去皮切块。干贝用温水泡软，捞出撕散，汤汁留用。

2. 锅内放少量油烧热，加入姜片，爆香。

3. 加入冬瓜翻炒，加入适量盐、鸡粉、干贝汁、蚝油搅拌均匀。

4. 盖上锅盖焖至汁浓，撒干贝丝即可。

蛋煎蛎黄 热

原料 牡蛎500克，鸡蛋3个

调料 葱末、色拉油、香油、盐各适量

做法

1. 牡蛎洗净，拣去杂质。鸡蛋打入碗中，加盐、葱末搅拌均匀。

2. 锅置旺火上烧热，先加入少许色拉油滑锅后倒出，再加入色拉油，倒入牡蛎、鸡蛋液，转文火煎至蛋液凝固，轻轻翻个，继续煎约2分钟至两面呈金黄色时，淋入香油，取出切成小块，装盘上桌即可。

黑椒牡蛎 热

原料 牡蛎肉200克，鸡蛋2个

调料 葱花、姜片、黑胡椒、面粉、色拉油、料酒各适量

做法

1. 牡蛎肉洗净，加料酒、葱花、姜片略腌，取出葱花、姜片，放入黑胡椒拌匀。鸡蛋加面粉调成糊，放入牡蛎肉挂匀糊。

2. 平底煎锅加色拉油烧热，放入牡蛎煎至两面呈金黄色，取出装盘即可。

清炸蛎黄 热

原料 蛎黄500克，面粉150克

调料 葱末、色拉油、花椒盐、盐各适量

做法

1. 蛎黄去壳、杂质，洗净捞出沥干。用盐、葱末腌制入味，裹匀面粉。

2. 锅入油烧热，放蛎黄炸约1分钟，呈淡黄色时捞出，待油温升至九成热时，再放蛎黄稍炸，捞出沥油装盘，配花椒盐蘸食即可。

蛏子蒸丝瓜 热

原料 蛏子300克，丝瓜200克

调料 葱末、姜末、蒜末、葱叶碎、香菜末、花生油、料酒、川盐各适量

做法

1. 蛏子放盐水里养几个小时，让其吐尽沙泥。

2. 丝瓜去皮，切成滚刀块，放大碗里，将洗净的蛏子铺在丝瓜上。放葱末、姜末、蒜末、香菜末，撒川盐、料酒，淋花生油，待水烧开，放入锅内，旺火蒸6分钟，出锅撒葱叶碎即可。

豉椒带子蒸豆腐 热

原料 带子2只，豆腐适量

调料 香葱末、蒜末、豆豉、泡椒酱、花生油、盐各适量

做法

1. 豆腐改刀切成长方厚片，抹少许盐摆盘中。带子洗净，抹少许盐、花生油，放豆腐上。

2. 将蒜末、豆豉、泡椒酱拌匀涂抹在带子上，入蒸锅开锅蒸6分钟，取出。

3. 另起油锅烧热，浇在带子上，撒香葱末即可。